人人都是摄影师

——56 项训练成为单反摄影高手

美朵◎编著

中国电力出版社

CHINA ELECTRIC POWER PRESS

内 容 提 要

本书摒弃传统的说明书式陈述，通过 56 个摄影专题小任务，循序渐进地讲解了使用单反相机拍出好照片的方法和技巧。全书分为三个部分，第一部分介绍读者认识和使用单反相机。第二部分通过人像摄影、风光摄影、人文摄影、生态静物与花卉摄影几个贴近大众生活的摄影训练，让喜爱摄影的人们从入门出发，边学边练，在训练中不断总结和提高，最终成为熟手、高手。最后讲述了相机与存储卡的基本保养知识。

本书采用大量精美的拍摄实例和细致的分析，是一本教授大众摄影人从初级入门快速进入专业门槛的实用书籍。

图书在版编目（CIP）数据

人人都是摄影师：56 项训练成为单反摄影高手 / 美朵编著 . —北京：中国电力出版社，2017.10
ISBN 978-7-5198-0861-7

Ⅰ．①人… Ⅱ．①美… Ⅲ．①数字照相机—单镜头反光照相机—摄影技术 Ⅳ．① TB86 ② J41

中国版本图书馆 CIP 数据核字（2017）第 144635 号

出版发行：中国电力出版社
地　　址：北京市东城区北京站西街 19 号（邮政编码 100005）
网　　址：http://www.cepp.sgcc.com.cn
责任编辑：杨　扬　y-y@sgcc.com.cn
责任校对：朱丽芳
装帧设计：张俊霞
责任印制：杨晓东

印　　刷：北京瑞禾彩色印刷有限公司
版　　次：2017 年 10 月第一版
印　　次：2017 年 10 月北京第一次印刷
开　　本：787 毫米 ×1092 毫米　16 开本
印　　张：14.25
字　　数：355 千字
印　　数：0001—3000 册
定　　价：69.00 元

前言

从 2008 年因为渴望拿起相机算起，我已经正式"玩"摄影 8 年了。8 年前，因为职业需要我拿傻瓜相机拍新闻题材，但那些从来都只是配图，摄影于我是高贵、可望而不可即的概念。8 年后，当我将沉淀下来的摄影知识与经验条理清晰地整理出来奉献给大家的时候，内心有欣慰也有忐忑。欣慰的是，我已经可以灵活运用相机表达所见所思、所闻所想，摄影方面也小有收获。忐忑的是，艺术永无止境，新的领域层出不穷，摄影这条路还太漫长。

也因为敬畏，拿到这本书稿的要求时我很犹豫。摄影是一项依靠理性支撑的技术活，更是一门感性占主导、需要充分发挥主观思维的艺术，艺术怎么能用条条框框来束缚呢？很多摄影大师拍到最后都会说："技术不重要，别拿它当神话"。尤其是当下，拍照工具日益简化，新兴技术日新月异，摄影门槛越来越低，摄影人满天下行走，新秀不断，各类"大师"云集，摄影艺术似乎越来越大众化了。

但站在大众之外冷静观察，需要从掌握相机起步逐渐进阶，希望自己能拍点作品的人大有人在，希望自己能在这一领域有所得的也大有人在。普通的青砖能垒出漂亮独特的清真寺，最普通的石块能造就金字塔，建造者的知识与思维决定了一切。而我所为，就是将自己的所思所学和所知所感系统、扎实、清晰地整理出来，引领大家以最基本的"砖"为基础，用思维和纯熟的技术塑造结构，最终成就自己的摄影殿堂。

"从低微处开出花来"。我以这种心理，从大众需求角度出发，将认识相机到会使用相机，再到将相机为我所用、用主观意识支配相机这个过程细化成了 8 个部分 56 个训练任务，让喜欢摄影的人们从入门开始，通过通俗易懂的学习过程步步攀登，最终成为一个熟手、高手。

相信需要它的人们边学边练，最后合上书本时，一定会有所收获颔首微笑。那时，也是我的幸福。

整理、写作本书对我本人来说也是一次系统总结再学习再思考的过程，期间我学习了很多教学网站、一些教摄影的公众微信号分享的内容，甚至多个摄影微信群分享的教程，研究了《构图决定一切》《相机是个有爱的盒子》等摄影著作，吸收了马格南图片社等国内外摄影机构摄影师的优秀理念，将它们取长补短融合在书中。这种学习的过程也是很享受的，我很庆幸自己能安静下来专心、系统地做这件事。虽然本书所写的只是一些基本的摄影理念，无法与高端的摄影艺术书籍相媲美，书中所写也无法囊括摄影领域的方方面面，但作为基础书，它又是详细而又独特的。

写作时，优秀风光摄影师寒藤、水冬青、狐狸视觉、聋哑摄影师赵樑、好友童艳龙、和太宝等为本书提供了部分图片支持（图片作者均有标注，未标注的为我本人作品），好友偶然、雨若、翟小姐、粥姑娘、嘉艺等也担当了我的模特，本书顾问、深圳青年摄影家协会主席文建军也给予了我高度的精神支持，还有支持我的画面中的好友们！荣幸之至！感激之情难以言表。

不经冬寒，哪知春暖，这是我做这件事的体验，也是作为一个摄影人必须经历的体验。本书所涉及的摄影领域，无论是风光、人像还是人文，甚至仅仅用光与构图，每一个单独拿出来都可探索无穷。摄影就是要多拍、多练，相机买来就是要玩的，所有的经验都是在不断的实践中日益积累的，单靠理论和书本难成大器。因此，我依然提倡多拍多练，在理论的基础上勤于思考、善于总结，在实际拍摄中敢于摆脱桎梏，最终于多项尝试中发现最适合自己的风格，集中钻研，让自己成为真正的高手。

最后我要强调的是好奇心，摄影最可贵的是保有好奇心，对所见所闻的种种景象都想尝试用相机拍下来并拍好它。相信很多摄影人都是因这种初心才拿起相机的。不忘初心方得始终。很多摄影人都是简单而快乐的，愿大家都能在这领域有所得。

目录

CONTENTS

按下快门前的 7 大步骤

（1）在瞬间看到有所触动的人或景物时用心观察、确定主题。

（2）找到能够表现主题的主体，仔细发现能够烘托主体的陪体、
前景、背景，并发现能够将它们有机联系在一起的摄影手法。

（3）如果某种条件欠缺，需要等待的要等待，需要创造的要创造。

（4）选择拍摄模式，基本确定用什么样的焦段、什么样的景深、
多高的 ISO、怎样的构图来表现画面。无论对风景、对人还是
对一朵花、一只昆虫，这都是一个沟通的过程。

（5）对所要测光的地方测光，经过调整后再次确定光圈、快门、
ISO 曝光组合及所需外部条件。

（6）对焦、构图，快速决定是否微调。

（7）按快门、检查曝光、构图情况，确定成图。

1

认识单反相机

一、相机分类

目前市场上使用的拍照器材主要有：手机、傻瓜式卡片机、微单、单反等。手机和卡片机的主要特点是轻便、快捷，几乎没有使用门槛，人人都可使用。微单是微型单电相机的统称，它具有卡片机的轻巧外观和接近单反相机的画质，但因为是电子取景，没有单反相机的反光镜，因此也称无反相机。目前，最好的微单可以持平入门级单反，暂时无法取代中高端单反。微单推荐品牌：索尼、富士等。

具有单镜头反光镜的相机称为单反相机。数码单反，简称DSLR。D:数码，S：单，L：镜头,R：反光。过去的胶片单反相机称SLR，因其多使用35mm毫米的电影胶卷，而35毫米胶卷又被称为135胶卷，所以，过去的非数码单反相机有被称为135相机。

数码单反相机（DSLR）是将感光器和存储照片的介质由胶片换成了电子感光器和存储卡，使其数码化。

主要特征：

（1）可以更换镜头。

（2）相机镜头与机身接头内部有一块反光镜，通过镜头取景，将景物通过反光镜反射到相机的五棱镜中，形成影像。

（3）光学取景，速度快，成像质量好。

富士 X-E2 微单相机

佳能 5D Mark III 单反相机

二、单反相机组成

单反相机=机身+镜头（如上图佳能单反相机5D Mark III），机身则由机身、反光板、五棱镜（或反射、折射镜）、快门、感光器、取景器、对焦系统、测光系统等组成。

135胶卷是早期胶片相机的制式感光器，胶片相机主要是用胶片成像，胶片的有效成像范围为36mm×24mm，就是一长卷胶片底片中一张底片去掉带孔锯齿部分的尺寸。数码时代，胶片感光器被CCD或CMOS代替，也叫图像感应器（传感器），可以理解为相机里的黑匣子。

鉴于大尺寸的CCD或CMOS成本，目前市场上的数码单反传感器的尺寸不尽相同。若你购买的相机图像传感器大小等于36mm×24mm（等于胶片的成像范围），则为全画幅相，否则就是非全画幅相机，称为APS-C画幅，因此，数码单反相机分为全画幅与非全画幅两类。

目前市场上的佳能1DS系列和5D系列都是全画幅数码相机，1D系列是APS-H画幅相机（H型是满画幅30.3mm×16.6mm，长宽比为16∶9。数码单反借用了这一标准，把CCD或CMOS尺寸接近APS-H尺寸的，都称为APS-H画幅。目前只有佳能的部分数码单反产品采用该画幅规格，而佳能1D系列的感光器长宽比例为3∶2，是基于面积接近的原因，也划成APS-H规格的产品），其CMOS尺寸为28.1mm×18.7mm，其他系列均为APS-C画幅，CMOS尺寸为22.5mm×15mm。

TIPS

全画幅数码相机与非全画幅数码相机产品说明书上一般都会有详细标注，如果不懂也没问别人，看见产品说明书上的参数上有 APS-C 标志，即为非全画幅。一般情况下，还是先查查资料问问懂行的人，事先了解一下。传感器尺寸不同会对视角产生一定的影响。在预算允许的情况下，能买优质全画幅数码单反不买非全画幅数码单反。

三、尼康、佳能单反相机简介

目前市场上单反相机的主要品牌有潘、美、尼、佳。潘：即潘泰克斯，也就是现在的宾得。美：过去的美能达，后被索尼收购，就是现在的索尼。尼、佳：就是现在运用普遍的尼康、佳能。本书主要以尼康或者佳能相机为例。其中，按市场销售情况来看，佳能EOS1D系列、5D系列以及6D为高端机，越高端越贵；7D系列及70D、80D为中端机，760D、750D、700D、100D、1200D、1300D为初级入门机。

尼康D5、D4S-D4、Df、D3X、D810A-D600系列为高端机，越高端越贵；D500、D7200-D7100-D7000为中端机，D5500-D5300-D3200为初级入门机。

四、相机构造

相机的外部构造如下图所示。

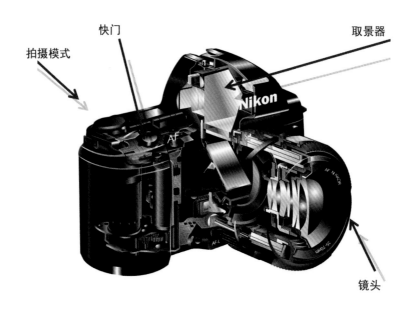

拍摄时，拍摄者首先要在拍摄模式拨轮上设定好需要的模式，如M、A、T（S）等(后面会详述)，手端稳相机，眼睛靠紧取景器，右手食指半按快门取景。然后轻微呼吸，相机保持不动或右手大拇指按住相机后方曝光锁定键（AF-on）键微微移动相机构图，按下快门，拍摄完成。

五、单反相机拍摄原理

无论是景物还是人，要留下影像，首先都是人的眼睛先对其进行观察，然后再在心中瞬间构思好拍摄方案，然后才拿起相机，运用相机拍摄原理将想拍的事物通过相机拍摄下来。

相机的拍摄原理与人眼成像的过程十分相似。人眼如同镜头，人手按动相机快门对焦，相机反光板抬起，将人眼看见的影像反映到感光材料上，人手按下快门，影像被记录到感光材料上，如同人用思想和心进行了一次记忆，一次拍摄完成。

由此可见，拍摄需要相机机身连接镜头等部件，并按设计要求互相配合，方能完成整个拍摄过程。

拍摄原理如下图所示。

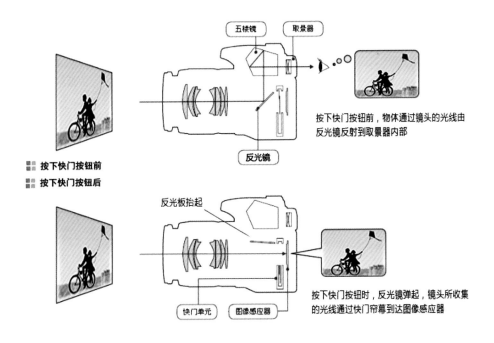

这样的拍摄过程，恰恰说明了单反相机的工作原理，也是单反相机（单镜头和反光板反光）名称的由来。

六、镜头及镜头分类

镜头如同人的眼睛，是单反相机完成拍摄的重要部件。这个眼睛是由多组镜片组成，主要承担着透光、解析图像、反应物体形状和还原色彩、准确反应物体色彩饱和度等多种影像功能。镜头好坏如同人眼是否健康。如若近视，镜头成像质量一般，图像就不够锐利，还有灰蒙蒙的感觉；如若色弱，镜片不够清透，图像就会存在偏色等诸多问题，所以，购买相机时，镜头的选择至关重要。

佳能和尼康都有众多镜头，佳能镜头有红圈镜头和普通非红圈镜头之分。尼康镜头也有金圈镜头和普通镜头的区别。

红圈镜头和金圈头是这两大品牌的优质镜头，对所摄物体的形状、色彩、清晰度都有较出色的反映。普通镜头则略微逊色，受镜头构造、光线、天气等各方面因素影响较多。

（一）镜头焦距、定焦镜头与变焦镜头

有镜头就有焦距，焦距就是镜头中心点到图像传感器之间的距离，如下图所示。

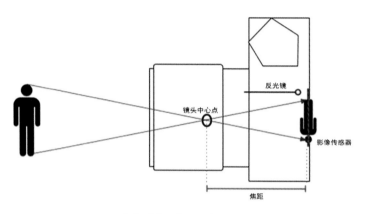

相机成像及焦距示意图

每一只镜头都有自己的焦距。比如，佳能24-70镜头，其焦距就是24~70mm，24端是小广角，70端是中焦。而佳能70-200镜头的焦距为70~200mm，200端是长焦。佳能16-35镜头的焦距是16~35mm。同样，尼康镜头也是如此辨别。如果镜头上只有一个数据，比如蔡司50镜头，其焦距就是定焦50mm。变焦镜头、定焦镜头如下图所示。

佳能变焦24-70镜头　　　　　　　　　　　蔡司定焦50镜头

人们习惯用焦距去命名镜头，所有镜头都有焦距标识。比如24-70镜头、70-200镜头、50定焦、135定焦等。

根据焦距变化的情况，相机镜头又可以分为定焦镜头和变焦镜头。焦距不能改变的叫定焦镜头，需要走近或者走远去决定所拍物体的大小。

变焦镜头的焦距在一定范围内变化，用手拉动或转动镜头上的焦距环即可改变所拍物体的远近和大小。定焦镜头和变焦镜头各有优缺点。

定焦镜头：

优点是对焦速度快，图像质量比变焦好。

缺点是焦距固定不能变化，使用略有不便。

变焦镜头：

优点是方便构图，可以随意变化焦距控制画面。

缺点是相对于定焦镜头，图像质量会略有损失。

（二）焦距与视角

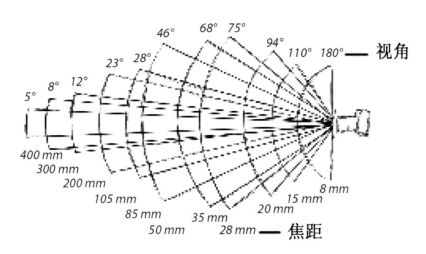

焦距越短，视角越大，焦距越长，视角越小

相机镜头焦距与视角变化关系示意图

由上图可以看出，镜头视角取决于它的焦距。

视角，用形象的说法就如同人睁大眼睛和眯着眼睛时所见到的不同视力范围。焦距短视角就大，焦距长视角就小。比如：8mm镜头的视角为180°，35mm镜头视角为68°，50mm镜头视角为46°，200mm镜头视角仅为12°。

清楚了这一概念，就可以弄懂镜头分类了。一般情况下，按照135相机全画幅的视角来划分，如下图所示。

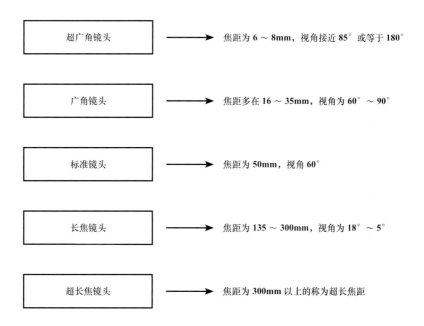

超广角镜头	→	焦距为 6 ~ 8mm，视角接近 85°或等于 180°
广角镜头	→	焦距多在 16 ~ 35mm，视角为 60°~ 90°
标准镜头	→	焦距为 50mm，视角 60°
长焦镜头	→	焦距为 135 ~ 300mm，视角为 18°~ 5°
超长焦镜头	→	焦距为 300mm 以上的称为超长焦距

同一位置，不同焦距段的镜头效果演示如下图所示。

镜头 70mm 端焦距所能拍到的范围，注意红圈对焦区域

相机：佳能 5D Mark III，光圈：F4，快门：1/160 秒，ISO:50，曝光补偿：-0.3，焦距：70mm，
拍摄模式：A，白平衡：自动，测光模式：评价测光

镜头 200mm 端焦距所能拍到的范围，上图红圈部分已经被拉到眼前

相机：佳能 5D Mark III，光圈：F4，快门：1/80 秒，ISO:50，曝光补偿：-0.3，焦距：200mm，
拍摄模式：A，白平衡：自动，测光模式：评价测光

由此可见，镜头在70mm端和200mm端所拍摄的视角已经完全不同，广角和超广角镜头则能拍到视角更广的照片，有一种鱼眼镜头则可以拍到超过180°视角的景物，标准镜头所拍到的照片与人眼所看到的范围类似，长焦和超长焦镜头则能将远处的物体拉得很近。

（三）各类镜头的作用

鱼眼镜头：具有接近或等于180°，个别镜头甚至超过180°的视角，能使照片具有夸张的变形效果，出现非常规的观看角度，如下图所示。

图：云中朵　作者：狐狸视觉
8mm鱼眼镜头拍摄效果

广角镜头：拍摄范围广，透视感强，是拍摄风景、建筑类的首选镜头，照片具有一定的视觉冲击力，如下图所示。但是要注意：

（1）拍摄建筑时，建筑的两边的线条会发生一定程度的畸变，需要多练习控制畸变的程度。

（2）拍摄人像时，若离人很近，平视拍大头照或者特写，会出现特大鼻子或嘴巴等情况，只适合夸张手法。若仰拍靠人腿很近，则会出现人腿变长但同时脚会变得很大的情况。所以，要想给女孩子拍长腿，要注意距离和尺度的把握。

长焦：焦距长、视角窄，具有压缩空间的作用，虚化效果良好，如下图所示。更形象地说，就是能把主体或者模特身后不同层次的景物压缩到一个特定空间中，使背景不至于太宽广、杂乱。同时可以在拍摄人文的时候，在不打扰对方的情况下进行抓拍。所以，使用长焦拍摄，可以离主体较远，将主体和背景拉近进行拍摄。

17mm 广角镜头拍摄人像效果

相机：佳能 5D Mark III，光圈：F11，快门：1/200 秒，ISO:100，焦距：17mm，拍摄模式：M，白平衡：自动，测光模式：评价测光

长焦 200 mm 端拍摄的人像效果

相机：佳能 5D Mark III，光圈：F4，快门：1/125 秒，ISO：500，曝光补偿：+0.7，焦距：200mm，拍摄模式：A，白平衡：自动，测光模式：评价测光

在拍摄人像时，很多人会采用中长焦，这样人物的比例等各个方面会显得比较好看。而拍摄新闻照片时，则常采用超广角，以取得很强的透视效果，增加图片的冲击力。

微距镜头：用于微距摄影的特殊镜头，主要用于拍摄细微的物体，或者物体的细节，比如，花卉、静物、昆虫等，如下图所示。比如佳能的百微（焦距为100mm）镜头、尼康的105镜皇。

尼康 105mm 微距拍摄微距图

相机：佳能 5D Mark III，光圈：F2.8，快门：1/160 秒，曝光补偿：-0.3，焦距：100mm，拍摄模式：A，
白平衡：自动，测光模式：评价测光

从用途上区分，定焦多用于人像、兼顾风光；标准镜人像、风光、人文通用；普通广角多用于风光、兼顾人文；超广角、鱼眼镜头多用于风光；长焦常用于风光、人像，兼用动物、静物等。但这不是定论，也有拍摄者根据自己的习惯和经验选择不同用途的镜头。

（四）认识镜头参数

以佳能和尼康为例，区分相机镜头的类别、焦距、最大光圈和特性。比如佳能的EF 70-200mm f/2.8L IS USM II，这个镜头被称为"爱死小白兔"，是佳能"爱死小白"的第二代。

其中，EF 表示 EOS 相机卡口的镜头。若镜头上标注的是EF-S，说明这支镜头只适用于佳能非全画幅APS-C EOS 相机。MP-E是放大倍率在 1 倍以上的微距摄影镜头；TS-E 标识为移轴镜头。常用的是前面两种镜头。

EF 70-200mm f/2.8L IS USM II中的70-200mm 表示这支镜头广角端为 70mm,长焦端为 200mm，是一支变焦镜头。f/2.8表示这支镜头全焦段的最大光圈是 2.8。有的镜头会有两个数值，分别表示广角端和长焦端的最大光圈。比如佳能17-85镜头上的光圈标识为F4-5.6，这说明这支镜头在使用17mm焦距端时最大光圈可以用到F4，而使用85mm段焦距时，其最大光圈只能用到F5.6。这种镜头要注意观察，广角端的最大光圈在长焦端就无法使用。

数值中的L表示这支镜头是佳能的专业级镜头，同时镜头前端也会有红圈。IS 表示具有防抖功能。USM 表示具有超声波马达。II 表示这是这个镜头的第二代产品。

每一种镜头的标识都不同，只需大概了解，购买前稍微做点功课即可，不需要特别记忆。

再比如：尼康的 AF-S 16-35mm F/4 G ED VR，AF 表示自动对焦，-S 表示具有超声波马达。16-35mm 表示这是一个焦距为 16 ~ 35mm 的变焦镜头。F/4 表示这支镜头全焦段的最大光圈是 4。G表示只能通过机身控制光圈，ED 表示含有 ED 镜片，VR 表示具有防抖技术。

镜头上若有DX标识，表示此镜头只能适用于 APS-C非全画幅机身，此外尼康镜头铭牌上标示有 N 字样的表示该镜头含有纳米涂层，尼康的专业镜头在镜头前端用金圈表示。

◎ 七、脚架

脚架是用于稳定相机的重要配件，常用于夜景摄影、夜景人像、长时间曝光、慢门摄影、弱光摄影、风景摄影、视频拍摄等多种场合。即使光线比较好的时候，人的手也可能会抖动、或者呼吸引起身体较大抖动，使拍摄者在按下快门的瞬间手抖，使所拍照片失焦。所以，脚架起到的是一个更好地支持相机的作用。一般最常用的是三脚架，还有独脚架、章鱼支架等。

（一）需要使用三脚架的场合

（1）慢门拍摄雾状流水和瀑布。此时大多需要的快门速度都在8秒或10秒，甚至30秒，手持拍摄照片一定会虚。

（2）拍摄灿烂星空、星轨。拍摄星空时，一般最少需要30秒曝光，拍摄星轨时需要数小时的曝光，即使使用时下流行的堆栈技术一张张拍摄后期合成，也需要三脚架稳定支持，才可以拍出清晰完整的影像。

（3）拍摄微距作品。拍微距时景深非常浅，只是稍稍向前或后移动就会跑焦，借助三脚架就会好很多。

（4）拍摄日出、日落时。日出日落时一般光线不足，而且最佳拍摄时间一般相当短暂，使用三脚架可以确保图像清晰锐利，节省时间。

（5）拍摄夜景及夜景人像时。夜晚拍摄光线本来就很暗，要拍出高质素的夜景，比如使灯光产生星芒、车灯变成车轨等等，小光圈和低ISO又是最佳组合，这样快门速度就非常慢，必须使用三脚架才能保证拍摄质量。而拍夜景人像时，即使使用大光圈高ISO，使用三脚架也能保证图片的清晰和锐利。

（6）使用长焦拍摄时。使用尼康或佳能2.8光圈70-200镜头或者600mm、800mm镜头拍摄时，镜头自身的重量就很重，在光线不是非常充足的情况下，若无法使用安全快门（比如使用70-200镜头的200端拍摄，快门速度原则上应该达到1/400秒，低于这个速度手持相机就可能会拍虚，即使当时在相机上看着图像是清晰的，在电脑上放大后照片质量也会存在一定的缺憾），就应当使用三脚架，减轻相机的重量，增加拍摄成功率。

（7）轻松自拍。将相机架在三脚架上，将拍摄模式调到自拍，就可以轻松实现自拍，再也不用请人帮忙。

（8）光绘涂鸦时。使用光绘涂鸦进行自由创作时，一般都需要数十秒甚至数分钟的曝光时间，没有三脚架几乎不可能完成。

（9）做灯架使用。在拍摄人像等创作时，在光线不足的时候往往需要用灯补光，三脚架拆掉云台后可以当灯架使用。

（二）三脚架的选择

三脚架的选择原则：轻巧便携、坚固稳定、经济实用。

（1）如果选择既轻巧又坚固稳定的三脚架，可以首选碳纤维材质的三脚架，但价格相对昂贵。

（2）如果选择价格比较便宜也比较坚固稳定的，可以选择合金三脚架，缺点是不轻便。

（3）价格最便宜且稳定性也非常强的，就是钢制三脚架，缺点是十分沉重。

如果你需要带三脚架徒步旅行，预算又比较宽松，碳纤维三脚架是上选。如果只在室内棚拍，钢制三脚架可以省很多钱，如果既想带着三脚架旅行又预算有限，可以考虑选择合金三脚架。

购买三脚架时一定要考虑三脚架的承重、节数和功能，一定不要买那种看起来腿很细，整体轻、薄，承重量不够的脚架。如果购买的是碳纤维材质的脚架，在普通拍摄或者有风、高处拍摄时，可以在三脚架下面挂重物来提高稳定性。

此外，三脚架一般都是分节的，而关节处就是三脚架的软肋和瓶颈，节数越多的脚架，越不稳定，但是节数多的一般会缩起来更短，便于携带。一般情况下选择3~4节的三脚架比较安全。目前市面上有些三脚架提供了拆下一个脚做独脚架的功能，比如一些品牌的"旅游天使"系列。这种能拆下一个脚的三脚架稳定性相对不如没法拆下的脚架，而且很少有人会使用独脚架，所以这种以牺牲稳定性为代价的功能不推荐购买。

（三）云台和快装板的选择

三脚架和相机相连接的地方需要一个云台，云台上装有一个可拆卸的快装板与相机底座通过一个螺钮连接。

常见云台有球形云台和三维云台。三维云台定位精确体积大，适合在拍摄商业建筑、静物以及使用超长焦、拍摄视频的时候使用。摄影爱好者大多都选用更为轻便的球形云台。

球形云台里有个非常好用的功能就是阻尼，阻尼能够在使用者为调整相机角度及平衡转动云台的时候产生一定的阻力，防止相机侧倒撞到三脚架上。尤其在使用长焦镜头时，镜头太重使使用者在调整相机角度的时候可能发生相机忽然下坠等情况，这时阻尼功能就起到安全保护作用。所以购买三脚架时注意购买有可变阻尼的云台。

一块小小的快装板是连接三脚架和相机的重要部件，没有它，再好的脚架也发挥不了作用，很多拍摄也无法完成。所以平时注意快装板的存放，要么使用完后就将它拧紧放在相机上，要么用完后就将它装在云台上。切记不要随手放快装板，用的时候到处去找。我在很多次长途外出拍摄的时候就碰到有同伴带了脚架忘记带快装板，脚架在全程中只能成为一个摆设和负累。

目前市面上常用的比较好的三脚架品牌是捷信、百诺、曼富图等，可以根据上述特点，按照自己的需求及预算选择。

但要重点强调的是，初期购买三脚架，我们往往选择的是感觉上差不多、价格完全能接受的、重量、功能相对比较合适的，这无可厚非。但如果想成为一名合格的、在摄影方面有所建树的专业摄影师，建议多方咨询、比较，一次到位选择功能、材料、耐用性等各方面都比较扎实，不至于在海边连海风都经不住，导致图片大量失败的三脚架。当然，其价格也相对昂贵，好处就在于买到手十年八年不用更换。

八、闪光灯

闪光灯是用来为照片补光、布光的工具，主要分为相机自带机顶闪光灯、离机闪光灯、外拍灯、室内影棚灯等。闪光灯的使用是一门使用人造光的学问，初学者还需慢慢学习和领会，本书不做讲解。

九、存储卡及存储方式

数码相机主要靠存储卡来完成所拍照片的记忆和存储。普通卡片机和微单多采用SD卡，单反相机则使用CF卡和SD卡两种。SD卡小而方便，CF卡稍微大一些，但性能相对稳定。购买时要根据自己相机的性能和要求来选择。比如，佳能5DIII右侧有两个卡槽，既可以使用SD卡又可以使用CF卡。购买SD或CF卡时一定要选择性能稳定的牌子，比如闪迪（sandisk）、金士顿（kingston）、雷克沙等，而且要选择读写速度快、容量大的卡，比如16G/32G/64G。

在相机的设置菜单里，选择画有相机符号的拍摄菜单，里面有一项"图像画质"（其他相机的选项为图像尺寸，意思大同小异），佳能相机可以选择的有RAW及MRAW、SRAW和L、M、S几种选项，其中RAW是专业摄影师拍摄时的必选格式，这种格式拍出来的图片尺寸较大，图片的细节及信息保留完整，便于拍摄者在后期调整与制作，M、S尺寸略小。而L、M、S则代表jpg的三种拍摄尺寸，其中L最大，M、S次之。jpg格式的图片是相机在存储过程中已经调整及压缩的图片。初学者可以采用这种格式，但若出印刷及展览作品最好选用RAW格式，但前提是必须懂得使用后期软件。

同样在拍摄菜单中有一个选项为色彩空间，一般情况下应选择SRGB，但如果所拍图片将来要用于印刷出版等，应该选择Adobe RGB格式。

2

正确使用单反相机

基础训练 1　学会对焦

了解了相机的分类、成像原理、镜头的分类与作用后，接下来我们就要开始使用相机。那么首先第一大问题就是手持相机或者在三脚架上稳定相机后，打开相机，对准所要拍摄的人或景物对焦，保证所要拍摄的人或景物清晰。

任务 1：正确手持相机

正确**手持相机的姿势**

错误**手持相机的姿势**

手持相机首先要将相机配备的相机带挂在脖子上，双手端平相机，右手握住相机右侧的凹型手柄，大拇指在右侧上端AF-ON等按键位置以备待用，食指放在快门按键上。左手手心朝上托住镜头，手掌下端轻轻抵住相机机身，以手指可以轻轻转动镜头对焦环的舒适度即可。

以此方法端稳端平相机后，将相机的取景器靠紧一只眼睛，半眯另外一只眼睛，正常轻微呼吸半按快门对焦取景，然后按下快门即可。上图示出一些正确和错误的手持相机方式。

很多初学者认为这一点没必要讲，拿起相机大家都会用。可现实中我们却常看见有人右手抓相机，左手手掌朝下反扣在相机镜头上的情形，这样极其不利于相机的稳定。

此外，在任何时候都要靠紧眼睛端平相机，一些人在拍照时身体或头部会不由自主随着模特或景物的歪斜而倾斜，造成所拍图片倾斜或者水平线不直。即使在使用相机竖拍的时候，也一定要把相机竖平。

对焦取景按下快门的瞬间，不要大口喘气或呼吸，以免相机抖动，使所拍照片模糊。

任务 2：半按快门自动对焦与手动对焦

1. 自动对焦

在看向取景器的同时快速设定对焦点并半按快门

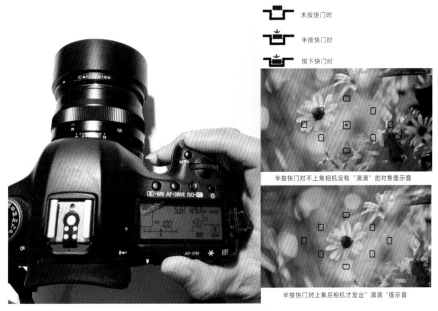

半按快门对焦示意图

自动对焦如上图所示，步骤如下。

步骤1、靠近取景器同时半按快门设定对焦点。

步骤2、半按快门对上焦后相机会发出"滴滴"提示音，此时按下快门即可。

知识点：

所谓对焦，就是拍摄者通过取景器找到画面中想要拍清晰的主体。

数码单反相机分为自动对焦与手动对焦两种对焦方法，两者都是在快门被半按时通过相机和镜头的联动完成的。镜头分为自动对焦镜头和手动对焦镜头两种，初学者建议购买具有自动对焦功能的镜头，这种镜头通常都有M/A,MF/AF,手动和自动对焦两种可变化模式。

在半按快门自动对焦时，镜头上的对焦环自动轻轻转动，我们可以通过取景框中看到镜头前方有个红色的对焦点在闪动，同时在取景器下方显示一条写有光圈和快门速度的标尺，在标尺的最右边，快门速度数值的旁边有一个绿色的圆点，对上焦后，红点消失、相机发出滴滴的对焦提示音，绿色圆点稳定不再跳动，就说明已经对上焦了。此时依旧要保持相机稳定，按下快门即完成拍摄。

如果半按快门对焦时，取景器中前方始终模糊，标尺右边的绿色圆点也一直在不停跳动，说明相机无法对焦，此时可能有两种情况：

（1）光线太暗，相机无法自动对焦，需要调整曝光组合数值。

（2）自动对焦与手动对焦设置错误，需要检查相机。

此外还要注意对上焦后轻移相机构图时可能会跑焦造成图片模糊。

2. 手动对焦

在光线较暗或者拍摄星空、星轨等特殊图片的时候，相机无法自动对焦，就需要采用手动对焦。手动对焦需要拍摄者左手轻轻转动相机镜头上的对焦环，同时用肉眼去判断对焦物体是否清晰，感觉清晰了，就按下快门。

拍摄星空、星轨时的对焦小技巧：

每一只镜头的对焦环下方都有一个对焦距离显示屏，手动对焦时，将相机镜头对焦模式调至M/MF，将对焦环上的对焦竖线转至无穷远符号处，再稍微转回来一点，即可对焦，按下快门完成拍摄。如下图所示。

佳能 24-70mm 镜头上的对焦环及对焦显示屏上的符号含义

手动对焦与自动对焦在镜头上的标识如下图所示。

AF或者A为自动对焦模式，M为手动对焦模式。使用自动对焦时，要将带有白条的拨钮拨至A或AF处，使用手动对焦时要将拨钮拨至M处。M/A表示在A状态下，也可以转动对焦环，使用手动对焦。

镜头上的 AF 或 A 为自动对焦模式，M 为手动对焦模式

尼康相机除了在镜头上选择对焦外，对应的相机上也需要做相应的调整。如下图所示，AF自动对焦，M手动对焦。

尼康相机的对焦功能模块

任务3：灵活运用多种对焦模式拍摄运动物体

1. 佳能相机

在相机及镜头均自动对焦的情况下，点按佳能MENU菜单键，或者相机背后的Q快捷键，进入对焦页面或快捷页面，会有ONE SHOT、AI FOCUS、AI SERVO 三种模式，如下图所示。

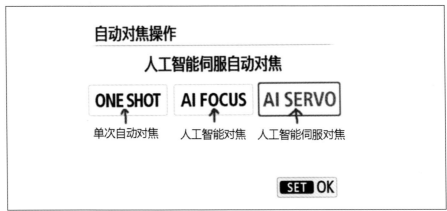

佳能相机的对焦模式菜单显示

ONE SHOT：单次自动对焦。适合拍摄静止或者移动动作非常慢的物体。

AI FOCUS：人工智能自动对焦。适合拍摄先定后动的物体，比如拍摄鸽子，将对焦模式启动到AI FOCUS，鸽子没动的时候开始对焦，鸽子动了以后，对焦模式立即由单次自动对焦模式自动切换至人工智能自动对焦模式，自动追踪对焦，配合了连拍，你将捕捉到鸽子起飞的精彩瞬间，如下图所示。但缺点是自动追踪的启动比较迟钝，轻微跑焦不一定会自动调整。

使用 AI FOCUS 对焦模式拍摄的瞬间飞起的鸽子

AI SERVO：人工智能伺服自动对焦,适合拍摄快速移动的物体。比AI FOCUS更为精确，拍摄快速移动物体首选。尤其在拍摄自然走动或者活动的模特时，启动这一对焦模式，将会得到自然、清晰、动作感非常强的人像作品，如下图所示。

使用 AI SERVO 对焦模式拍摄的运动中的人与小狗

使用单次对焦及人工智能自动对焦时，半按快门对上焦后相机有"滴滴"对焦提示音。但使用人工智能伺服自动对焦时，在半按快门对焦期间相机没有"滴滴"对焦提示音，但相机会自动对焦清晰，视觉清晰时按下快门即可。很多体育记者拍运动项目时使用这一对焦拍摄模式。

2. 尼康相机

尼康对焦模式与佳能类似，如下图所示。其中，AF-S相当于佳能的ONE SHOT，AF-C相当于佳能的AI FOCUS和AI SERVO。

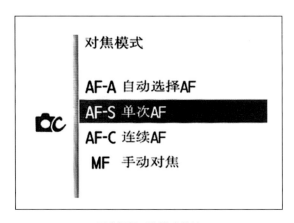

尼康相机对焦模式菜单

使用尼康相机时，镜头和相机要同步调整。在中、高端尼康单反相机的操作，如下图所示。中端尼康单反，自动对焦在C/S键中切换，高端尼康单反自动对焦则需要按下AF键，将白条对准AF，拨动相机右上方拨轮同时调整。

高端尼康单反对焦选择按键　　　　　　　　中端尼康单反按键，C=AF-C连续对焦，S=AF-S单次对焦

高、中端尼康相机对焦键的调整

任务 4：结合对焦模式快速设置高速连拍

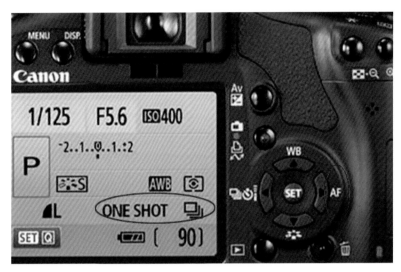

佳能普通相机上的连拍设置示意图

佳能400D等普通相机，只需点按相机背面大拨轮上的AF，相机屏上就会显示红圈所示的ONE SHOT以及连拍模式的调整，如上图所示。

佳能高端相机上的连拍设置示意图

而对于佳能5DIII、1DX等高端相机，则需要点按图中第一步AF-DRIVE，对焦与高速连拍共享按钮，然后拨动第二步的拨轮按钮，相机上端的小显示屏右端就会显示出红圈中所示ONE SHOT高速连拍或者AI FOCUS、AI SERVO高速连拍选项，如上图所示。

不同对焦模式下的连拍及自拍设置示意图

同样点按第一步AF-DRIVE按钮，拨动第二步相机后方大拨轮，可以调整三种对焦模式下的高速连拍，或者2秒自拍、10秒自拍等，如上图所示。

任务 5：了解并选用常用对焦区域模式

高端相机上还有对焦区域的选择，如佳能5DIII相机，按下相机菜单MENU键，选择功能菜单AF第四格功能中的第三条：选择自动对焦区域选择模式，相机屏幕上就会出现自动对焦的选择方式，如下图所示。

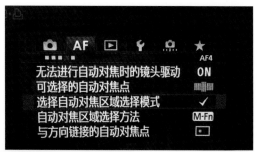

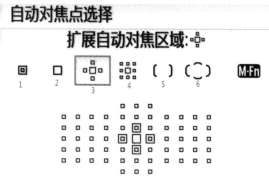

上图中1为定点对焦，适合拍一些微小的植物、昆虫或者被一些物体遮挡的小生物，人被帽子遮挡的眼睛等。被对焦的物体对焦面比较小，而且对焦距离比较近。

2为单点对焦。普通单反相机可以使用，但5D3、1DX等高端相机不推荐使用。因为这种单点对焦方式在光圈比较大的时候，比如使用F1.4、F1.8、F2等较大光圈的时候容易跑焦，使用70-200镜头拍摄100m外的较小物体时，容易对焦不实。

3为十字扩展对焦，4为周围扩展对焦。这两种都是最常用的对焦方式，拍静止、运动、大光圈物体都没问题，但3更为精确。4在天气不太好，比如有雾气、霾、天气比较灰暗时，更容易合焦。推荐使用3，一次选择设定好之后，除非特殊情况，不用再另行调整。

5为区域自动对焦，适合拍摄运动物体，但若有多个对焦主体，则会自动优先选择最近物体对焦。

6为61点全开对焦，也很适合拍运动物体，但要求画面干净，干扰主体的物体比较少，如果干扰较多，容易出现对焦误差。

方法：进入功能菜单AF第四格功能中的第三条：选择自动对焦区域选择模式进行选择即可。

从单点对焦到十字扩展对焦或移动对焦点的快速操作方式：按下图中相机右后方的7键并将眼睛靠近取景器，镜头取景器中就会出现上图右侧的点阵对焦点，按下M-Fn键，就可以将单点对焦改为十字扩展对焦。这种方法简单方便，但很多人会忽略。

选择自动对焦区域选择模式。

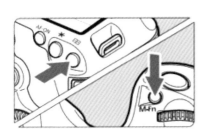

选择自动对焦区域选择模式（见左图）

● 按下<田>按钮。
● 通过取景器取景并按<M-Fn>按钮。
▶ 按下<M-Fn>按钮改变自动对焦区域选择模式。

在对焦模式选择上，尼康相机主要有四种，以尼康D810为例，如下图所示。

单点AF模式

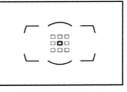

动态区域AF模式（9点）

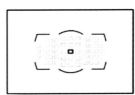

动态区域AF模式（51点）

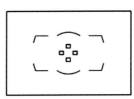

组区域AF模式

单点对焦是长久以来的习惯用法，9点对焦相当于佳能十字扩展对焦，静止、运动物体都适合。51点对焦则适合画面干净的运动物体，画面中的物体太多，则会自动选择就近物体对焦。组区域对焦比9点动态区域对焦更加精确，通常建议选择组区域对焦模式。

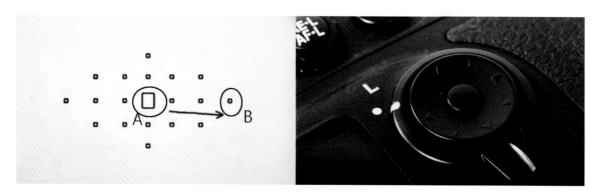

尼康相机对焦点移动按钮

尼康相机对焦移动方法如上图所示，要将对焦点从中心A位置移动到B位置，尼康相机背后有一个按钮，可以将白色线移动到L的位置将焦点锁住，然后按黑色圆盘上的上、下、左、右黑色小箭头中的右键将焦点移动到B位置，然后按下快门即可。

此外，尼康高端相机还设有3D跟踪对焦，在拍运动物体的时候，焦点会跟着物体的运动而移动，这一点比佳能相机要先进。

具体操作时每一款相机都会因其按钮设置不同而略有不同，还需要使用者对照说明书熟悉自己手中的相机，熟练掌握自己擅长的对焦方式。相机就是工具，买回来不仔细研究，利器也会变成钝器。

任务6：运用对焦锁定协助构图的两种方法

用AF-ON锁定对焦

一般情况下，我们都是将对焦点放在画面的中心点上来完成对焦，但在构图时，最主要的清晰点或者对焦主体并不一定要放在画面的中间，需要根据构图的需要放在靠左或者靠右，偏上或者偏下的位置。这时候就需要一直半按快门锁定对焦，屏住呼吸或者轻轻呼吸，轻微左右移动相机来完成构图，然后按下快门。

还有一种方式就是启动佳能或者尼康相机背面的AF-ON自动对焦按钮对焦，用大拇指按AF-ON按钮对焦，对上焦之后大拇指不要松开，仍旧按住AF-ON键锁住对焦，轻轻左右移动相机构图按下快门键完成拍摄，如下图所示。

佳能相机机背上方 AF-ON 等各按钮功能

这种锁定对焦的方式，从没有多点对焦的普通相机到具有51点、61点等多点对焦区域的高端单反相机都适用。但在使用大光圈拍照时，比如使用85mmF1.2镜头的F1.2、F1.8、F2等大光圈时，锁定对焦移动相机后很容易跑焦，这就需要拍摄者一方面练习半按快门或AF-ON锁定对焦的熟练程度，另一方面学会移动对焦点。目前大多数相机都实现了多点区域对焦，无论是佳能还是尼康相机，其对焦区域都在51、61或者多点对焦的区域内。具体移动方法在任务6中有详细解说。我本人习惯用AF-ON锁定对焦方式。

基础训练 2　掌握曝光三要素：光圈、快门、ISO

我们学会了第一步，会使用相机并将所拍物体拍清楚了，就要开始学习怎样利用光线恰当表达物体原有的模样或者拍摄者心中想要表达的模样。而不是把物体拍成一片黑或者一片白，或者发灰。这一步就是利用相机进行拍摄创作。

摄影是用光反应物体的一个过程，这个利用光学原理通过相机用光并将图像在相机储存卡上记录下来的过程就是曝光。

曝光有三大要素：光圈、快门、ISO

任务7：运用光圈体现照片层次

50mm，F2

50mm，F2.8

50mm，F5.6

50mm，F11

同一物体在不同光圈、相同焦距范围内的表现情况

24端，F4   200端，F4

同一物体在相同光圈、不同焦距时的效果（注意红圈内主体）

　　上面两组图片的背景虚化效果完全不同，尤其第一组。我们把蓝玫瑰花换成一个美女，你更喜欢哪种效果？如果蓝玫瑰花是离你较近的一片风景，虚实不同的背景是雪山，你想让雪山是虚化的还是清晰的？这些效果是如何实现的？

　　以上分别涉及光圈、焦距和景深的概念及综合运用。

知识点1：景深

　　景深是指一张照片中，焦点前后的景色清晰范围。比如蓝玫瑰花的背景。通俗说法就是物体所存在的环境是深还是浅，是实还是虚，清晰就是实，虚化就是浅，虚化越厉害，景深越浅。

知识点 2：光圈

光圈在相机镜头上的物理结构就是一组像扇子一样可开合的镜片，镜片中央有一个圆孔，圆孔孔径开合的大小决定了进入相机镜头内的进光量的大小。孔径开的越大，光圈越大，进光量也越大，被拍摄记录的物体越亮，物体所存在的环境（景深）越浅。反之，孔径开的越小，光圈越小，进光量也越小，被拍摄记录的物体越暗，物体所存在的环境（景深）越深。

所以，我们可以这样定义光圈：镜头内部一个用来控制光线通过镜头进入机身内部感光量大小的装置。可以控制进光量，也可以控制景深。

简化说法：镜头内部控制进光量大小的装置，如下图所示。

光圈大小与进光量大小形象示意图

知识点 3：光圈 F 值与进光量的大小

进光量的大小即光圈大小主要用F值表示，物理公式为：F=镜头的焦距/镜头的有效口径的直径，知道即可，不必死记。

如：F1.2、F1.4、F1.8、F2.0、F2.8、F4.0、F5.6、F8.0、F11、F16、F22、F32。

实际拍照中，大家只需要记住常用光圈（数字按照挡位有层次递进，F3.5、F7等在数码相机上可以调出来，但不常用）：F1.2、F1.4、F1.8、F2.0、F2.8、F4.0、F5.6、F8.0、F11、F16、F22。其中，F1.2、F1.4、F1.8、F2.0、F2.8、F4.0、F5.6为大光圈，F8.0、F11、F16、F22为小光圈。一些人像摄影师喜欢用光圈为F1.4、F1.8、F2、F2.8的定焦头拍摄人像。

F旁的数值越小，进光量越大，数值越大，进光量越小，如下图所示，孔径内白色为进光量。

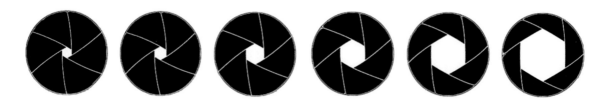

光圈 F 值的表示及光圈与进光量的关系示意图

知识点 4：在相机上调整光圈

光圈控制主要通过拨动相机转盘来调整，在相机和相机菜单主要有下图中的几种显示。（相机菜单需要点按相机背面Q快捷键）。

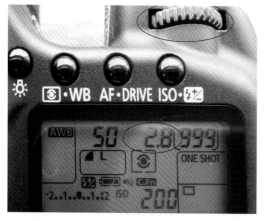

佳能相机上在 A 挡模式下的光圈显示拨轮，M 挡时为快门速度拨轮

佳能相机转为手动 M 挡模式时，通过后方转盘调整光圈

尼康相机上的光圈显示

佳能相机快捷键菜单显示

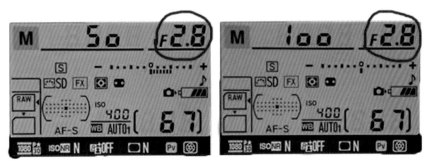

尼康相机捷键菜单显示

知识点5：协调运用光圈、焦距与景深

光圈除了控制进光量，另一大主要作用是控制景深。景深与光圈的关系法则为：光圈大，景深小（浅）；光圈小，景深大（深）。

景深与焦距同样有着密切关系，其法则为：焦距短，景深大（深）；焦距长，景深小（浅）。

同样我们可以推理出距离与景深的关系：距离越远，景深越大（深）；距离越近，景深越小（浅）。

综上所述，要得到一张背景虚化的照片，则需要以下三条件之一或组合：

光圈要变大、距离要变近、镜头要长焦。

反之则适合拍摄主体与景物都清晰的作品，如何取舍主要看拍摄者的拍摄需求。

从本任务开篇蓝玫瑰图中可以看出，在相同50mm焦距距离内，F2光圈时背景虚化效果最好，F2.8、F5.6次之，使用F11光圈时背景清晰，几乎无虚化。

从本任务开篇红花图中可以看出，同一场景，使用相同的F4光圈对圈中红花对焦，24端焦距范围内景深很大，包含的内容多；使用200端焦距时图中只剩对焦主体，背景完全虚化，景深非常小（浅）。

所以，每当拿起相机拍摄时，首先要想好准备把主体拍成怎样，是拍远景还是近景，背景需要虚化还是清晰，然后再按快门。

学习笔记——光圈的使用总结

前提：日常拍摄。

人像一般使用大光圈，在F1.2~F5.6自由选择，非主体部分能达到很好的虚化效果。风光人像根据创作需要选择所用光圈，需要虚化背景，则需要靠近主体用大光圈，或者使用长焦、大光圈；需要人物、背景均清晰，则选择普通焦段，光圈在F4、F5.6~F8较为适宜，如下图所示。

长焦 200mm 端、F2.8 光圈的背景虚化效果

相机：佳能 5D Mark III，光圈：F2.8，快门：1/320 秒，ISO：200，焦距：200mm，拍摄模式：A，白平衡：自动，测光模式：评价测光

17mm 广角、F5.6 光圈，背景、人物均清晰

相机：佳能 5D Mark III，光圈：F5.6，快门：1/1250 秒，ISO：100，焦距：17mm，拍摄模式：A，白平衡：自动，测光模式：评价测光

　　风景一般使用小光圈，在 F5.6~F22 根据需要选择。如下图所示。有太阳的风景，想把太阳拍出眯着眼睛时看到的一丝丝光线，则需要选择 F16~F22 的光圈，而且要移动身体，找到相机与太阳之间的合适角度。

　　拍摄纪念照可以选择 F3.5~F5.6 之间的光圈。微距动物、花卉等需要选择微距镜头，使用大光圈（微距花卉章节详解）。掌握这些后，就需要运用多种光圈多加练习，总结体会。

17mm 广角、F8 光圈所拍风光

相机：佳能 5D Mark III，光圈：**F8**，快门：**1/400 秒**，ISO：**100**，焦距：**17mm**，拍摄模式：**A**，白平衡：自动，测光模式：评价测光

知识点 6：恒定光圈与非恒定光圈

　　镜头的最大光圈不随着焦距的变化而变化的镜头叫恒定光圈镜头。相反，镜头的最大光圈随着焦距的变化而变化的镜头叫非恒定光圈镜头。

在镜头上的标识如下图所示，这只佳能24-70镜头上的光圈标识为1∶2.8，说明无论使用24mm焦距还是使用70mm焦距，都可以使用最大光圈F2.8，达到所要的背景虚化效果。而下图尼康18-55镜头上的光圈标识为1∶3.5-5.6，这说明这支镜头在使用18mm焦距时最大光圈可以用到F3.5，而使用55mm焦距时，其最大光圈只能用到F5.6。这两种光圈的虚化效果均一般。所以购买镜头时一定要注意了解并看准镜头标识，以免本想购买一只拥有大光圈达到虚化效果的镜头却买成了一只不尽如人意的镜头。这样的镜头在商家和相机配套卖的套头中比较多，价钱相对便宜。

恒定光圈镜头

非恒定光圈镜头

了解了光圈之后，我们可以肯定地说，大光圈的镜头，通光率好，明亮，有利于摄影师取景和相机对焦，同样焦距的镜头，最大光圈越大越好，但是价格上往往也越高。

TIPS

（1）在资金允许的情况下机身尽量选择全画幅相机。

（2）避免以后更换镜头损失更大，镜头尽量选择专业级的。

（3）为以后升级考虑，镜头尽量买全画幅相机适用的。

（4）最大光圈越大越好。

（5）镜头焦距变焦比最好不要超过3倍。最多不要超过5倍。

（6）第一支镜头配合机身的等效焦段尽量涵盖广角和中焦。

任务 8：变化使用快门，营造画面气氛

同一场景，1/125 秒，普通快门拍摄的效果

相机：佳能 **5D Mark III**，光圈：**F5.6**，快门速度：**1/125 秒**，焦距：**24mm**，**ISO：100**，曝光程序：手动，白平衡：自动，测光：评价测光

同一场景，8 秒，慢速快门拍摄的效果

相机：佳能 **5D Mark III**，光圈：**F16**，快门速度：**8 秒**，焦距：**24mm**，**ISO：100**，曝光程序：手动，白平衡：自动，测光：评价测光

　　上图中两幅图的场景、拍摄距离完全相同，不同的是海面水的动态，上图用F5.6光圈、1/125秒的快门速度拍摄，急流凝结如冰，下图用F16光圈、8秒的慢门速度拍摄，海面宁静飘渺如丝绸。要实现这两种效果，需要了解如下知识：

知识点1：快门与曝光量

从前面的学习我们知道，光圈是控制进光量大小的一个装置，而快门则是相机中控制光线进入的一个装置，就像一扇门，门打开，曝光开始，门关闭，曝光结束。由光圈和快门开与关的速度决定进入相机内的光线的多少，我们称之为曝光量。门打开时间越长（快门慢），曝光量越多；门打开时间越短（快门快），曝光量越少。上两幅图中，F5.6与1/125秒快门速度的曝光组合显示进光量大但关门速度很快，而F16与8秒的曝光组合则是进光量小，但关门速度很慢，水流的速度被拉长，成为雾状。

知识点2：快门系数的表达

1″、2″、3″、4″、5″…30″为慢门，读作1秒、2秒……，相机除B门以外的快门速度最慢到30″。

1/2、1/4、1/8、1/15、1/30、1/60、1/125、1/250、1/500、1/1000、1/2000、1/4000、（1/2读作二分之一秒……），这一排快门数字在相机上显示为2、4、8、15、30、60、125、250、500、1000、2000、4000，常见快门值有30″、15″、8″、4″、2″、1″、1/2、1/4、1/8、1/15、1/30、1/60、1/125、1/250、1/500、1/1000、1/2000、1/4000、1/8000（快门从慢到快排列）。

每一挡快门之间都是2倍的关系，快门每调慢一挡曝光量就变为原来的2倍，比如30″快门的曝光量是15″曝光量的2倍。快门值越小快门速度越快，曝光量越少，画面越暗。

普通快门速度一般最慢为30″，最高为1/4000秒，或者1/8000秒。中端单反相机的最高快门速度为1/4000秒，高端机的最高快门速度为1/8000秒。使用慢门拍摄的时候，建议使用三脚架稳定相机，快门速度在1/60秒以下时，也建议使用三脚架，否则可能会导致照片整体模糊。

知识点3：快门系数在相机上的显示及快门拨盘

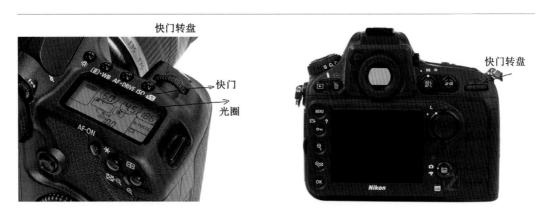

尼康、佳能相机右手前后的两个拨轮分别承担着调整光圈与快门的功能，所用拍摄模式不同，如A挡、M挡，所用拨轮不同。相机不同所用拨轮也略有差异。

学习笔记——快门使用总结

（1）1/60秒，一般情况下拍摄静止或者缓慢运动的物体时保证画面清晰的最低快门速度。在明亮的光照环境下，建议使用这一快门速度。

（2）1/125秒、1/250秒，抓拍中等速度或一般速度的运动物体所需的最低快门速度。比如：走动的人、游戏中的儿童、活泼好动的婴儿、中等速度跑动的人、游泳的人、骑自行车的人、奔跑的小孩、足球运动员等。在光线充足时，常用这样的快门速度。

（3）1/500秒，抓拍运动速度较快的物体，比如奔跑的马、跳水运动、行驶的轿车等。

（4）1/1000秒，抓拍快速运动物体的最低速度，比如赛车、摩托车、飞机、快艇、滑雪运动员、网球运动员、飞翔的鸟等。

使用1/500秒、1/1000秒的快门速度拍摄运动物体时，有时需要配合大光圈，景深很浅，很容易虚焦，需要反复练习掌握技巧。

拍摄运动物体最好使用快门优先 T 挡，需要将相机操作盘上的操作模式拨至 TV 挡。下面的讲述中我们会详细讲解。

任务 9：快速设置不同 ISO，调节照片亮度

| **IOS 100** | **IOS 200** | **IOS 400** | **IOS 800** |

上面4张图都是在F2.8光圈、1/13秒的曝光组合条件下拍摄的，但所用ISO不同，照片的亮度就不同。其中ISO200时曝光基本正常，ISO100时欠曝，照片偏暗，ISO800时过曝，照片偏亮。可见，ISO同样在影响着曝光量的多少，影响着照片的亮度。

知识点：SO 定义及调整

ISO即相机的感光度，在数码相机中是一种光学反应，主要影响照片曝光量。

感光度一般用100、200、400、800等数字表示，目前最高可达到12800，数字越大，感光度越高，感光速度也越快,但照片的颗粒相对也会越大，照片就会显得粗糙。尤其是光线较暗、曝光不足、拍照现场温度较高的时候，噪点会更多。所以，提高ISO，给照片增加了亮度但一定程度上也牺牲了图片的画质。

目前一些单反较高端相机的高感光噪点处理较好，可以使用3200甚至6400的感光度拍照，其相机的降噪能力也相对较为优秀。可以帮助人们在低噪点、高ISO的情况下拍摄出相对优质的照片，比如，星河、弱光人像等，一般使用到3200~6400的感光度。但一般情况下，尽可能不使用高感光度拍照。

一般单反相机ISO的标准值为100，大部分尼康相机的ISO标准值为200。在特殊情况下，佳能相机的ISO可以调整到50。感光度越低，图片的层次感等各方面看起来都比较细腻，所以，尽量选用较低的ISO进行拍摄。摄影师在每次工作后，都要将相机调回标准ISO值。佳能用户会将相机调整到ISO100，尼康用户则会调整到ISO200，并且在大多数条件下保持这个设置。

IOS按键在机身上如下图所示。

ISO按键

感光度按键

尼康相机的 IOS 按键　　　　　　　　　　佳能相机的 ISO 按键

ISO在相机上的调整步骤如下两图所示：

（1）按住ISO按键，相机上部的显示屏上除了ISO数值外的所有数据消失。

（2）约2秒后，拨动相机如下图所示的转轮，拨到所需要的感光度数值出现。

尼康相机的 IOS 调整图示　　　　　　　　佳能相机的 ISO 调整图示

学习笔记——ISO 使用总结

（1）尽量选择低 ISO 拍摄。

（2）白天晴天一般使用 100~200 感光度，光线较暗的地方，可以根据需要适当提高。

（3）阴天拍摄一般选择 400。

（4）弱光时选择 800~1600。

（5）极弱光时选择 3200 以上。

总结：一张曝光正常的照片，需要适当的光圈、快门和 ISO 的结合使用，当光圈、快门相对合适的情况下，曝光不足时加大 ISO，曝光过度时，降低 ISO。反之，在 ISO 合适的情况下，照片曝光不足或过曝，则需要调整光圈或快门速度。

基础训练 3　灵活使用拍摄设置

在确定主体开始拍摄前，都要先在相机上调整好拍摄模式，然后才是拍摄的一系列动作，所以，灵活使用相机拍摄模式非常重要。不论是尼康还是佳能相机，在相机左侧上方都有一个拍摄模式转盘，如右图所示。

单反相机左侧上方拍摄模式转盘图示

全自动（有的相机转盘标志为AUTO）为自动曝光，由相机的测光系统决定曝光量，自动配置光圈和快门的组合，相当于傻瓜相机的傻瓜功能。

P挡为程序自动曝光，和全自动的区别在于，全自动状态下光圈和快门都不能手动干预，在P挡状态下如果你更改光圈或者快门其中的一项，则另外一项会由相机自动变更以保证曝光的准确。举例来说，如果当前场景的测光值是F2.8 1/60秒，如果手动将光圈调整至F4，那么相机则会自动将快门调整至1/30秒以保证曝光量不变。

AV（A）挡为光圈优先，摄影师根据所拍摄题材和效果的需要设置所需光圈，由相机自动配置快门速度，适合拍摄大多数题材。

TV（T）挡（尼康为S）为快门速度优先，拍摄者根据需要设定一定的快门速度，相机会自动配置所需光圈，一般适用于拍摄运动物体。

AV、TV挡为半自动曝光，M挡为手动曝光，需要摄影师手动选择光圈、快门等配置。

人像模式适合拍人像，风光模式适合拍风光，微距模式适合拍微距花卉、昆虫，运动模式拍高速运动物体……越高端的相机，转盘上的场景模式选择越少，相反，越低端的相机，场景选择模式越多。

专业单反人常使用的是AV（A）、TV（T、S）、M挡。

当你设置了AV、或TV挡，光圈和快门的调整需要拨动相机前方或相机背面的转轮来实现。不同档次不同品牌的相机转轮的设置略有不同，有的简单，有的复杂，但基本内容大同小异。

基础训练 4　对焦与测光

任务 10：对焦与测光联动

相机：佳能 **5D Mark III**，焦距：**24mm**，测光模式：评价测光，光圈：**F/5.6**，ISO：**100**，快门：**1/500** 秒，曝光补偿：**+0.7**，拍摄模式：**A**

上面这张图的特点是光线、色彩均匀，没有过亮也没有过暗的地方。为了让每个人都清晰，我选用的是F5.6的光圈，ISO100的感光度，然后无论我对谁的人脸对焦测光，都基本能够正常曝光。可见，类似这样的图片对焦点即是测光点。原因是此时是阴天散射光，光线均匀地照射在主体上，没有光比，光线没有反差。为了让姑娘们看起来更嫩更白一些，我用曝光补偿加了0.7的曝光。

这张图涉及的是对焦与测光、测光标尺、曝光补偿以及由运用测光标尺达到目的的手动M挡曝光。

知识点1：掌握相机测光系统

相机在被半按快门对焦时，相机内部就会自动对焦点及其焦点范围内的光线进行评价测光。以佳能5D3相机为例（尼康相机图标类似），其测光系统主要可以分为下图中四种。

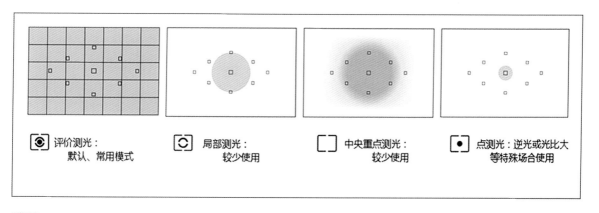

评价测光

测光模式的默认设置。相机对周围环境光进行综合评测，得出总体曝光的平均值，有平均得分的意思。广泛用于风景拍摄、抓拍等多种场景，以自动对焦点为中心，照顾画面整体亮度，这种模式比较常用。

局部测光

测量灰色圆形部分的光亮，测光范围相对较窄，可用于拍摄人像特写。

中央重点平均测光

相机测光时，比较注重画面中央部分的亮度，同时照顾整体画面亮度。比如3个考评员给一名考生打分，主要听考评主任的评价，同时也听取另两位普通考评员的意见。这种模式比较少用。

点测光

仅对灰色圆形内的亮度进行测量，可用于强烈逆光时仅对人物面部亮度进行测光以及微距生物、花卉之类的场景。

四种测光模式在相机上的调整：

佳能相机上按机身背面的Q（快捷键）按钮显示速控画面，选择"测光模式"的图标，选择所需的测光模式，按SET（设置）完成按钮，如下图所示。

四种测光模式看起来好像比较复杂，实际操作中我们最常用的是⊙评价测光，在拍摄逆光人像或者花卉等特殊情况时，会用到·点测光。所以，理解并会调整这两种即可，其他做相应了解就可以了。尼康相机的调整方式类似，有的尼康相机已经将带有这四种测光模式的图片放在了相机背面的按钮上，按照标识调动按钮即可。

知识点2：运用测光标尺加光减光调整曝光补偿

确定所要使用的测光系统后，把相机靠紧眼睛半按快门对主体或者所要测光的地方测光时，会在取景器中看到一个与下图红色图标大概相似的绿色测光标尺。

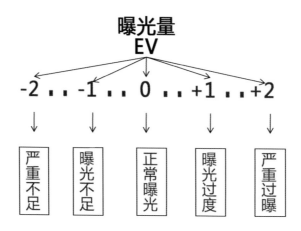

其中图标指向0时表示正常曝光，图标指向-1或-2则表示曝光减少1挡或两挡，图片过暗曝光不足，指向+1或+2时表示曝光增加1挡、2挡，图片过亮曝光过度。

　　这个尺表在相机右侧显示屏、Q快捷键显示菜单、透过取景窗可见的相机底部，均可以看见，如下图所示。

佳能相机测光标尺曝光补偿在显示屏上显示

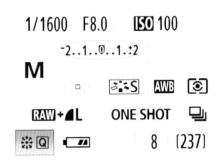

尼康相机测光标尺及曝光补偿在显示屏上的显示

　　在相机屏上的调整步骤，以佳能相机为例：

　　（1）轻轻点按一下快门按钮或者点按+/-按钮。

　　（2）拨动相机后方的大拨轮，标尺在0的位置时是准确曝光位置，拨轮向左转为减光，向右转为加光。

　　当使用AV光圈优先、TV快门优先进行拍摄的时候，我们先把测光标尺调到0位置，然后对准测光点半按快门测光后，相机会自动配置所需要的光圈或者快门。如果拍出来的照片过曝或者欠曝，就使用曝光补偿加光或者减光。

　　曝光补偿键在相机右侧显示屏上方功能键上，用+/-表示，佳能、尼康相机+/-键在不同位置，认准+/-键位置即可。以佳能相机5DIII为例：点按+/-键，拨动相机后方的大拨轮向左为减少，向右为加光，一般加光减光以一小格一小格适量调整为宜，不宜一下子就调整一挡或两挡。任务1所示美女图我运用曝光补偿加了0.7挡，使女孩的肤色看起来更加明亮、柔和。

知识点 3：使用 M 挡曝光

有些时候，为了达到拍摄者的创作目的，拍摄者想自己控制照片中想要表达的光线，或者在一些光线较为复杂的场合，比如明与暗的光比反差太大，用AV光圈优先、TV快门优先拍摄，画面总不尽如人意，这时候，很多摄影师就会采用M挡拍摄、曝光。M挡曝光，较利于摄影师自我发挥与创作。其具体调整方法为：

（1）将相机拍摄模式调整为M挡位，此时转盘和相机屏上都显示M。

（2）根据所要拍摄的题材及拍摄所需调整确定光圈。

（3）根据光线条件、画面细腻程度确定所需ISO。

（4）将相机对准想要对焦的位置，半按快门对焦，同时观察测光标尺所在位置，如果测光标尺不在中间0的位置，则需要保持相机不动，大拇指转动相机后方拨轮调整，向左或者向右调整测光标尺至0的位置，然后按下快门，这样就能得到一张曝光基本准确的照片。如果需要故意将某些部位曝光过度或者过暗，同样可以手动调节测光标尺或者用+/−曝光补偿控制完成。

任务 11：分开对焦与测光

光圈：**F2.8**，快门：**1/25** 秒，焦距：**70mm**，IOS：**800**，测光模式对香水的评价测光，对焦点：香水

光圈：**F2.8**，快门：**1/80** 秒，焦距：**70mm**，IOS：**800**，测光模式对书的评价测光，对焦点：香水

上图中两张图的特点是香水位于阴暗处，而大部分背景却很亮。我拍摄时所用测光点不同，背景的表现完全不同。

左图用70mm焦距，F2.8的光圈、1/25秒的快门速度、800的ISO，对香水评价测光并对焦拍出来的图片，很明显，香水曝光正常了，但背景却过曝了。右图，同样是用70mm焦距、800的

ISO，但是我对着背景即那本书先评价测光，得到的曝光数值是F2.8、1/80秒的曝光组合，再用曝光锁定键锁定曝光数值，然后轻轻移动相机将香水置于所要构图的位置后对焦，按下快门，得到的照片香水曝光正常，背景曝光也正常。

这种主体在阴暗处、背景很亮，反差较大的画面我们经常会遇见，如果把香水换成一个有特色的人，明亮的背景换成一个很漂亮的建筑，没有经验的人一定会直接对着人脸测光对焦拍摄，有经验的摄影人就会对着亮处测光然后对人脸拍摄，从而得到曝光准确的图片。

再看下面两张图片：

左图：对人脸对焦测光　右图：对背景测光 对人脸对焦

相机：佳能 **5D Mark III**，焦距：**40mm**，ISO：**100**，光圈：**F/2.8**，快门：**1/320** 秒，测光模式：（人脸）评价测光，拍摄模式：**A**，白平衡：自动

这张照片与香水的图片区别在于此图的人脸位于亮处，人脸与背景之间的反差非常大。我对人脸对焦测光按下快门后得到的基本就是我想要的作品，人脸明亮，背景暗淡，对比强烈。后期稍微提亮，背景细节仍然可见。但有人说，背景太暗了，我想让背景明亮，那就得对背景半按快门测光，然后用大拇指按住相机后备上方的*字键不动，进行曝光锁定，然后轻轻移动相机对人脸重新对焦，按下快门，这时候你就会发现，背景亮了，但人脸已经过曝。纠正方法：利用曝光补偿稍微减点光，让人脸与背景的曝光都基本正常。

所以，当光线反差较大，比如主体位于暗处背景过亮时，一般都需要分开对焦与测光。当然，还有些更为复杂的情况，必须根据现场情况区分清楚区别对待，多练多总结。

知识点1：认识光位

下图中的红点是相机机位也就是拍摄者的位置，当光线与照相机同一个方向照射物体的时候，我们叫顺光位，当光线从下朝上打向物体的时候，叫底光。光线从物体顶端投射，叫顶光。当我们位于顺光光位的两侧进行拍摄时，叫侧顺光。光线与物体成90°角，物体一面受光一面不受光，叫侧光。物体受光面的背面叫逆光，当相机迎着光线，与光线成180°的时候，叫逆光位，同样，在逆光位的两侧，叫侧逆光。

搞清楚这些，我们就将光位与图片结合讲述清楚不同光线条件下，该怎样测光。

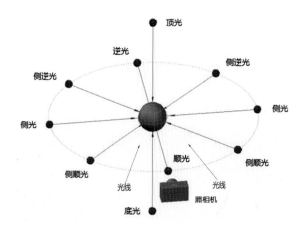

知识点 2：顺光测光

相机：尼康 D200，光圈：F9，快门：1/125 秒，ISO：100，焦距：46mm 曝光补偿：+0.7，
拍摄模式：A，白平衡：自动，测光模式：评价测光，对焦与测光点：人脸

拍这张照片时是顺光，而且当时周围的光线比较均匀，没什么特别大的明暗对比，就连人脸被帽子遮挡的地方也不是特别明显，这时候，我用光圈优先A,光圈F9，ISO100，对人脸对焦，同时也就是测光，然后构图，按下快门，所得到的照片就是正常曝光及我想要得到的照片，此时的速度是1/125秒。

在光线均匀，各物体的受光基本一致以及顺光的时候，对焦点就是测光点，拍哪测哪，得出来的照片曝光基本正常。

知识点 3：光比反差不大的逆光测光

相机：佳能 **5D Mark III**，光圈：**F5.6**，快门：**1/500 秒**，ISO：**200**，焦距：**100mm**，曝光补偿：**+0.7**，
拍摄模式：**A**，白平衡：自动，测光模式：评价测光，对焦与测光点：逆光的花瓣

上图是一张完全逆光拍摄的图片。从照片中我们可以看出，太阳在花的对面，因为逆光的原因，从我们相机所在的位置可以看到，受光的花瓣通体透亮，非常漂亮，我想要表现的就是

花瓣透亮的感觉。为了不让过多的花进入画面使主题不突出，而且要使花以外的背景都虚化，我用70-200/F4长焦的100端将所要表现的花纳入画面，采用光圈优先（因为我的70-200没有大光圈，所以我用的是F5.6）对着最高的那朵花花瓣背面对焦测光，按下了快门。拍完后，我发现花瓣的透亮度有所表现，但是周围的已经落花的花蒂上的光表现的不明显，而且周围环境有点暗，没有落日余晖的朦胧感，于是我用曝光补偿加了0.7的光，一幅具有朦胧美同时花瓣晶莹剔透的图片就拍摄完成了。

从这幅图我们看到，虽然是逆光，但是花和周围环境的明暗对比反差，也就是光比并不大，所以，对焦在哪，测光在哪，画面不会出现大的失误。

知识点 4：光化反差较大的逆光测光

相机：佳能 **5D Mark III**，光圈：**F22**，快门：**1/10 秒**，ISO：**100**，焦距：**17mm**，曝光补偿：**+1.7**，
拍摄模式：**A**，白平衡：自动，测光模式：评价测光，测光点：浅黄天空，对焦点：太阳

上图是早晨6点左右的黄山日出，太阳光很强，日出的方向很亮，阳光薄纱一样斜照的左侧山谷和岩石也比较亮，但右侧逆光的大岩石光线比较暗，整个画面的光线存在一定的明暗反差。此时，如果对着明亮的太阳对焦并测光，太阳太亮了，相机测出的曝光值会自动帮你减

光，岩石更黑，纱一样的光线显示不出来。如果对着下面较暗的岩石测光，太阳和太阳周围会变成惨白一片。

此时，我选择了类似18°灰的测光原理。18°灰是一个不太亮也不太暗的点或面，排除了白色、黑色等过浅或过暗的颜色，在灰与淡淡灰之间的颜色。比如，在正常光线下黄色人种脸或手皮肤的颜色等。对于明暗反差非常大的画面，或者主体处于逆光面，背景又非常亮时，我们可以找到中间灰，对中间灰测光，然后锁定曝光，重新取景对焦。根据所得画面运用曝光补偿加光或者减光，最终得到想要的画面。

那么这张照片，我选择的是对着太阳边上不太暗也不太亮的浅黄天空或云彩测光，锁定曝光后对太阳对焦，因为是F22的光圈，景深非常深，画面里的元素都非常清晰，而且太阳光也出现了一些放射状的线条。拍完后我感觉薄纱状的阳光所照耀的部分不够透，有些黯淡，我又加了1.7挡的曝光补偿，画面层次分明，基本没有过曝，也没有黑死的死角了。

特别注意：当我们测好光把对焦点移动到太阳时，会发现取景器中测光标尺已经不在0EV上，这时候千万不要再去拨动转轮调整测光标尺得到另一组曝光数据。因为我们为了不至于将太阳过曝、岩石太黑才对着太阳边上的天空测光得到的一组曝光数据，曝光数据已经被锁定。如果拍出来的照片感觉还是有点过暗或者过曝，可以曝光补偿稍微加减曝光，不需要再因为对焦点的光线不同而重新作出调整。否则拍出来的照片曝光肯定不对。

这种测光及拍摄方式尤其适合光线明暗度具有明显反差的风光、人像及人文作品，户外拍摄经常会遇到。

知识点 5：曝光锁定

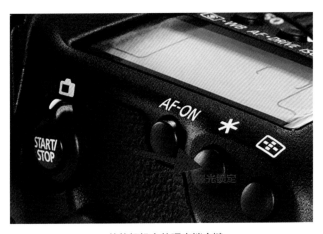

佳能相机上的曝光锁定键

当对焦点与所要测光的位置不在一个位置或同一个平面上时，先对要正确曝光的地方半按快门测光，然后按住图上所示锁定曝光键不松手，轻轻移动相机，重新对焦构图。

51

任务 12：包围曝光

上面两个任务在讲解对哪里测光、对哪里对焦的同时又讲到了18°灰以及何时运用18°灰的概念。这一点必须学会。但是这并不意味着所有明暗反差非常大的场景都能用此方式解决问题。比如日落时分，金黄的鸡蛋黄大太阳落在地平线上方，太阳所在的一线天是亮的，眼前的草地却是丝毫不受光，已经处于弱光状态，即使用这种方法拍出来的照片有可能地面也是非常黑的，此时，我们只能用包围曝光分别拍三张照片，后期合成为曝光正常的图片，这种方式经常用于风光摄影。

运用包围曝光拍摄的过暗（左）、曝光正常（中）及过曝（右）三张照片

拍摄下面这张图片时，日落时的红色天空漂亮但非常亮，与湖边的石头形成强烈反差，如果我对不太亮的红云曝光，湖边石头及水面非常暗，缺乏层次。在使用渐变灰镜压暗天空拍了几张后我尝试用包围曝光拍了三张，第一张减少2挡曝光，第二张正常曝光，第三张增加2挡曝光。后期合成并调整成如下面的大图。天空和石头、水曝光均正常。

运用包围曝光后期合成技术得到了曝光正常的照片

包围曝光在相机上的调整：

运用包围曝光，当佳能相机的拍摄模式为M挡时，点下图的1即Q快捷键进入菜单，用2键上下调整至曝光补偿、包围曝光设置，然后左右转动3大拨轮，将包围曝光设置白色图标调至加减曝光的位置，比如加减两级曝光。拍摄时相机就会自动拍摄三张包围曝光照片。使用A挡时设置包围曝光数据时需要大拇指按住SET键，同时食指转动相机前方转轮设置。

使用 M 挡及 Q 快捷键快速调整包围曝光设置

使用 A 挡及 SET 键调整包围曝光设置

学习笔记——对焦与测光使用总结

（1）光线均匀、反差不大时，对焦点即测光点。

（2）光线反差较大，主体位于暗处，要考虑分开对焦与测光。

（3）光线反差过大，尝试使用包围曝光。

（4）拍人像时，即使光线反差不太大，但人物脸部拍出来过暗，分开对焦与测光即解决问题。

基础训练 5　快速设置白平衡 AWB，营造照片氛围。

任务 13：认识白平衡与 K 值

从下面两个图片可以看出，在灯光和蜡烛照射下，白色物体和人脸都发红发黄，我们俗称偏色。偏色就需要纠正，在摄影中，把偏色的白色物体纠正还原为白色的功能叫白平衡。

清早或夜晚，光线照射下的物体呈蓝色，日出日落时呈现出金黄的暖色，白天阳光给人的感觉是白色的，各种颜色正常。在室内，荧光灯使物体偏蓝，台灯下的东西发黄。科学家把这种不同时间段的光线呈现出色彩和不同光源的色彩称为色温，色温用K值来表示。

白平衡模式	色温值（K）
自动	3000～7000K
日光	约5200K
阴影	约7000K
阴天	约6000K
钨丝灯	约3200K
荧光灯	约4000K
闪光灯	约6000K

在上面这张K值表中，K值越高，色温越高，光线的颜色就越发黄发红，比如阴天。K值越低，光线的颜色就越蓝。最蓝的是钨丝灯，K值3200，最黄的是阴影，K值为7000。

这几种模式的K值在相机白平衡的菜单中也有对应的表示，如下图所示。

尼康相机白平衡　　　　　　　　　　　　佳能相机白平衡

在相机中的具体设置，以佳能为例，如下图所示。在单反相机的MENU菜单中找到白平衡AWB，按下SET键，进入白平衡调整界面，或者按快捷键Q，用Q键上方突出的小按钮上下左右移动屏幕上的方格，移动到AWB，按下SET键，进入调整页面，选择所要用的白平衡即可。

佳能相机 MENU 菜单进入白平衡调整界面　　佳能相机 Q 快捷键进入快捷菜单找到 AWB　　按下 SET 键进入 AWB 白平衡界面进行设置

尼康相机菜单中的调整类似，快捷键则在相机左边的拨轮上或者附近，上面有AWB标识，按一下就可进入调整界面。

懂得了白平衡及其调整，大家立刻会有这样的反应：外面是阴天，我就用阴天模式来拍；在发蓝的荧光灯下拍物体，我就用荧光灯模式来拍。如果是这样的想法，那就大错特错了，不妨拿起相机试试看。

道理很简单，外面是阴天，K值本来就高，发黄发红，本来就需要纠正，再用阴天模式拍，拍出来的图片只能更红，此时，保险的办法是用自动白平衡，后期稍做调整；或者用减少黄色的白平衡模式，比如荧光灯，才能纠正环境固有的黄色光给予物体的颜色，这一点一定要理解并切记。

任务 14：客观使用白平衡

认识冷暖色调

蜡烛、落日和白炽灯发出的光线接近红色，它们在画面中呈现的色调发黄、发红，我们就称它为"暖调"；清澈的蓝色天空会让画面呈现蓝色，我们把蓝色、绿色、青色等色调称为"冷调"，如下图所示。

冷色调（左）暖色调（右）对比图

通常情况下，我们都把相机的白平衡设置到AWB自动白平衡的位置进行拍摄，比如拍摄菜品，如果在灯光下拍出来的菜都是暖色调的，无论是绿色的菜品还是白色的菜品甚至白色的盘子都发黄，这时候我们就要利用白平衡来纠正，让白色还原为白色，让绿色还原为绿色，把整个画面中的黄色去掉。这时候，我们就要找到能增加蓝色的白平衡工具，钨丝灯、或者荧光灯，将白平衡重新设置到钨丝灯或者荧光灯拍摄，偏黄的照片就纠正过来了。这里所用的原理如下图所示。

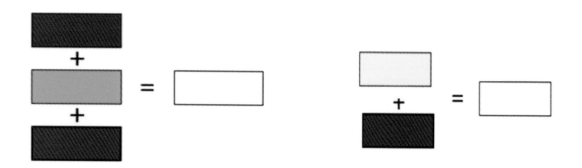

同样的道理，如果我们拍出来的照片偏蓝，就要用阴天、阴影等模式拍摄，增加黄色，还原白色，纠正偏色的图片。这种情况在拍摄产品、静物等很多场合需要用到。

如果感觉调整现有白平衡模式还不能达到理想的效果，可以使用K值以5000为界上下调整，4700往下开始偏蓝，越低越蓝。6000以上开始偏黄偏红，越高越黄。还不能达到目的，就调整白平衡偏移。

佳能 MENU 菜单进入白平衡偏移　　　按 Q 快捷键进入后找到白平衡偏移　　　点按蓝 WB+/- 进入偏移调整页面

如上图所示，从MENU菜单或者Q键快捷方式找到白平衡偏移/包围界面，按SET键进入调整界面，田字格中间的圆点可以用Q快捷键上方突出的按钮上下左右移动，四个边的方向代表不同的色调，往左逐渐过渡偏蓝往右中间过渡偏红。白平衡偏移需要熟练掌握方可以运用自如。尼康相机的调整方法类似。

任务 15：利用 K 值主观使用白平衡

上面我们说的用白平衡纠正偏色，是在一些必要场合必须要做的。但在进行艺术创作的时候，我们反而会利用白平衡让图片自然偏色，增加作品的氛围。

白平衡调整前　　　　　　　　　　　　　　白平衡调整后

白平衡调整前后对比图

上图左边是新疆赛里木湖早晨6点多日出前用自动白平衡拍出的照片，虽然用了滤镜拍出了水面的平静、云的慢速流动，但色调等各个方面还是比较平淡，宁静幽秘的感觉不够，于是调整白平衡K值，加蓝，得到右图的效果。调整白平衡有两种方式：①现场调整K值；②后期ACR软件中调整色温参数。建议初学者现场多实践，积累经验。

这种创作手法多用于早晚时分的各类照片，多受大众欢迎，但要使用恰当，不能过红过黄或者过蓝超级饱和，使整个照片看上去很假，不自然，那就用力过猛了，反而不好。

学习笔记——白平衡应用总结

上面的讲述看起来比较复杂，但在懂得原理之后，建议采用如下经验：

（1）一般情况下，都使用自动白平衡，尤其有后期基础的摄友，在后期软件中灵活掌握调整力度，修出来的照片有时候比现场调整白平衡拍出来的片子更自然。

（2）表中K值都是给数学好记性好的人看的，记住K值5000往上发红，4700往下发蓝，创作中需要加红或加蓝，自己多尝试调K值。

（3）拍日出日落时设置为日光白平衡，画面更红些。

（4）在室内拍摄灯光下的物品，如饭菜等，一张白纸可以帮大忙。方法如下图所示。

1）取一张白色或者中性灰色的卡片或纸张，放置在与拍摄对象同等的光线环境中，最好将卡纸放在拍摄对象所在的位置，并且让卡纸面对你即将拍摄的方向。

2）让卡纸填满整个画面，为卡纸拍摄一张照片，照片的曝光只要保证不是严重过曝或欠曝就可以了。对焦是否清晰也无所谓。

3）选择菜单。将白平衡预设菜单滚动到最下方，选择"手动预设"；在佳能相机上，直接选择"自定义白平衡"选项即可。

4）按Set键进入自定义白平衡页面，再按Set键确定选择"用此图像的白平衡数据自定义白平衡"。再次确定将白平衡设为自定义符号，然后就可以拍摄了（拍一张白纸→白平衡菜单中选择自定义白平衡→选择用刚拍的白纸定义白平衡→确定）。

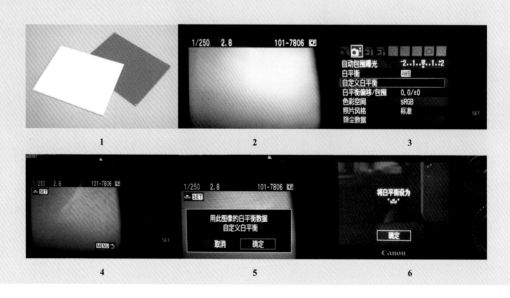

3

拍摄一幅好照片的主观
因素——立意与构图

基础训练6 用心感受，确立主题

首先我们看这样一句话："归根结底，摄影和相机无关，是一种观看的能力，看到才能拍到。而且，打动眼球，不如打动心灵。"（王骞 北京雅趣摄影培训学校校长）。

这句话里有两个重点：① 要能看到，看到什么？看到你最想拍也最有表现力的点；② 打动，能打动别人的眼球，更能打动观者的心。能看到的、能打动你心的就是要表现的主题，有了主题又能用独特的摄影手法表现出来，这就是立意。一张没有拍摄主题、或者拍摄主题不突出，又没有表现力的照片，基本可以看成是一张废片。不懂得发现、提炼与表现主题，拍得再多也进步不大。我们以几张照片为例：

时髦的牧羊人

相机：**NIKON D200**，光圈：**F2.8**，快门：**1/3200** 秒，ISO：**200**，焦距：**55mm**，拍摄模式：**M**，白平衡：自动，测光模式：评价测光

上面这张照片看起来似乎是张很随意、比较一般的照片。但是仔细看一下，背景是高原的蓝天白云，带有目光引领性的草地、牧场和公路；一个穿着时髦足球套装的藏族牧羊小伙。如果他只是一个普通的牧羊小伙，那没什么稀奇，关键是他那身艳丽的足球服和打扮。怎样才能

表现出藏区小伙子追求时尚、自由洒脱的性格？我选择跑到他的前侧面，蹲下身来，在取景器中将路和草原设置在引导线上，等着他走过来，在他与我的镜头构成一定的张力且到达我需要的构图线上时，快速连按快门，抓取了这张具有既具有高原特色，又具有青春活力、同时又有动感与众不同的照片。

在这里，我所看见的，就是这个牧羊人与众不同的特点及他与周围景色的关系，比较成功的是，他恰好也在好奇地看我，使得他与读者之间有了无形的互动。

圣光下的小寺庙

相机：**NIKON D200**，光圈：**F8**，快门：**1/640** 秒，**ISO**：**100**，焦距：**35mm**，曝光补偿：**-1**，拍摄模式：**M**，白平衡：自动，测光模式：评价测光

上面这张图的拍摄时间是早晨7点左右西藏圣湖玛旁雍措日出后，我们拍摄日出机位的后面。当时太阳光开始有点刺眼，一转身发现我们身后湖对岸的地面被低低的晨光照得金光灿烂，当时就特别想表现这种金灿灿的光，拍了两张后极不满意。仔细观察后发现了左手边这个小庙宇在一片小高坡上，背后是一片刚刚升起的烟囱一样的乌云，衬得庙宇更加明亮和神圣，这一点既表现了拍照时光的时间以及光的质感，又把庙宇的安宁与神圣体现了出来，因为等候而来的两柱乌云更是神来之笔。

图：转经　作者：水冬青

相机：佳能 5D MarkII，光圈：F7.1，快门：1/100 秒，ISO：100，焦距：40mm，曝光补偿：-0.3，拍摄模式：A，白平衡：自动，测光模式：评价测光

所以，我们拍照片，既要有主题，又要善于找到主题与周边景物的关系，用摄影语言和摄影手法等各种方式把它表现出来。

《转经》这张图也是一张立意新颖，主题突出表现手法非常独特的图片。到了拉萨以及西藏等地，比较多见的是寺庙和转经、朝圣的人们。在寺庙旁，等一个转经的人走过来，拍下转经和朝圣的样子，是绝大多数拍摄者和旅游者会拍的片子。这幅图的作者去了两次哲蚌寺，总希望拍到与众不同的转经者。眼前的大经幡柱子是宗教的象征，那天早晨，站在柱子旁等待有特色的转经者出现的时候她发现有太阳光从大树的缝隙上透下来，于是，她赶紧调整自己的方位，调小光圈，透过取景器找到阳光透下来并能形成丝线的最佳位置，等待转经的人出现。终于，有人来了，并慢慢走进了光里，待她走到光下合适的位置，按下了快门。阳光普照、圣洁、神圣，这是一张主题与时间和周围景物关系结合最好的图片，既可独立，又具有一定的故事性，看完让人铭记在心，难以忘怀。

烧香拜佛是常见的主题，对于众多的拍摄者来说，跑到烧香跪拜的人群中或两侧拍些人多、虔诚的情景，或者再抓些人物表情、香烟袅袅的特写是众人都能想到的角度。我当时也是这样拍的。但是总觉得不对，拍的时候也没啥感觉。这里是清迈每天早晨布施人群最多的地

莲花佛韵

相机：佳能 **5D Mark III**，光圈：F2.8，快门：1/1000 秒，ISO：100，焦距：
34mm，拍摄模式：A，白平衡：自动，测光模式：评价测光

小佛徒

相机：佳能 **5D Mark III**，光圈：F4，快门：1/40 秒，ISO：2000，焦距：
200mm，拍摄模式：A，白平衡：自动，测光模式：评价测光

方，人们给和尚布施完早餐后，都会到路尽头曾经的泰国高僧——苏可泰的雕像前烧香跪拜，每一个人跪拜者都会带一串茉莉拿几支莲花，拜完后烧三支香。莲花，是这个国家最爱的花朵之一。当我站在人群后徘徊，极力思考怎样能将这种崇敬与虔诚的气氛表现出来时，发现供桌的右角有一个大缸，缸里插了很多人们敬奉的莲花，香的烟气时断时续地从莲花顶上飘过，此情此景让我忽然找到了要表现的画面和主题。我赶紧绕到进香者的前方，在大缸的侧面寻找最佳方位。终于，在一缕缕烟气飘过来，面前的人们跪拜下去的时候，我按下了快门，拍下这幅图，并起名《莲花佛韵》图。画面意味深长，故事性也很强。

《小佛徒》拍摄于色达的大辩经堂。当时正是晚上7点半左右，僧人们吃完饭全部集中在大辩经堂以辩经的方式温习功课。室内光线很暗，人头涌涌，人声哄哄，拍手、踩脚、几人仰头围观一人辩等种种辩经的动作和场景在这里全部都能看见。我的脑海里闪现的是太多摄影人以及一些优秀摄影师所拍摄的辩经场景。拍了很多之后，我发现我无法拍出新意。况且我是在光线如此昏暗的地方，光无法给我带来便利。怎么办？很沮丧。但是在辩经堂靠里的走廊里，一群儿童僧人一直吸引着我的眼球，他们也在辩经。但一见有人拍他们，立刻会低下头去，而且那里的光线更暗。于是，我干脆放下相机，看、坐、等。

终于，在辩经快要结束的时候，这个孩子出现了，他背着可爱的七星虫书包，在大人的红色海洋里好奇地穿梭，偶尔也会驻足听大人

们辩，但他的表情总体还是懵懂的。在他从大人身边快速闪过的刹那，我决定以大与小、动与静的对比手法来表现这佛海中的小希望。这张图的主题和故事性恐怕我一生都难以忘却。

在他走向大门准备离开的时候，我靠近一根大柱子，用柱子当前景挡住他右方的杂乱，使画面出现脱焦般的虚幻前景，以他的小背影和可爱的书包为主体，按下快门拍下下图。我所要表达的在画面里，画面里涵盖的远比我能够表达的要多得多，这就是我们拍摄想要达到的效果。

希望

相机：佳能 **5D Mark III**，光圈：**F4**，快门：**1/13 秒**，ISO：**1600**，焦距：**200mm**，拍摄模式：**A**，
白平衡：自动，测光模式：评价测光

由此可见，各种元素关系运用恰当，突出地表现主题才是一张照片的灵魂。灵魂的获得，来自于一双善于观察的眼睛，一颗善于感知的心，拍摄者的经历以及素养。常练习、多观察，多看优秀作品，是总结经验的最佳途径。

尤其要注意的是，主题与陪体或周边景物的关系。上面几张图中人和环境、寺庙与光线和乌云、丝线状的阳光和经幡与人之间的三角关系、莲花、香的烟气与敬香者之间的互相映衬等，都是互相配合的。所以，强调照片要有主题，并不是说只单独表现一个主题即可，而是要通过摄影手法，让主题与客体之间发生微妙的关系，丰富主体。

基础训练 7 运用构图表现主体

任务 16：学会用点、线、面构图

下面这幅图最吸引人的就是面前石头上雪与水汽凝结而成的霜花。作者用它与湖岸上的雪、宁静的湖水、彩色的云彩、远处挂雪的树通过构图关系相互呼应，远景、近景搭配和谐，整幅图宁静丰满。

图：雪语 作者：寒藤

相机：佳能 1D X，光圈：F18，快门：1/3 秒，ISO：100，焦距：16mm，拍摄模式：A，白平衡：自动，测光模式：评价测光

首先，这幅图为水平三分法构图，天空占1/3、主体与水面、树占2/3。同时运用了九宫格构图，主体在左下1/3的黄金分割点上，与之相呼应的是右上2/3黄金分割点上的远山。树与远山之间的夹角线条又起到了一定的引导作用，色彩上运用了冷暖对比。所以这是一幅构图综合手法运用的非常到位和娴熟的图片。

要做到如此精妙的构图，需要学会如下构图方法：

第一类：点

知识点1：点与九宫格构图

点与九宫格

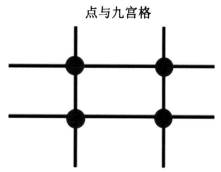

　　点是构成画面的视觉和情绪的核心。点，可以是人、物体、颜色、线条、形状等。点的位置，通常在视觉黄金分割点上。由点延伸出来的构图方法有：九宫格构图、均衡构图、三角形构图。

　　在相机或者手机拍摄中，都能调出网格线，利用网格线，将画面分成九份，九份中存在四个兴趣点，我们通常把画面主体放在九宫格的四个兴趣点上使其突出、耐看。

　　试着将右图的主体放在画面中心，人物前方的视野就会变窄变短，画面中的意境就缺失很多。

典型的人像九宫格构图法

相机：佳能 **5D Mark III**，光圈：**F1.8**，快门：**1/2500** 秒，ISO：**800**，焦距：**50mm**，拍摄模式：**A**，白平衡：自动，测光模式：评价测光

知识点 2：点与三角形构图

点与三角形

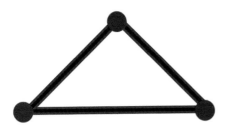

　　三角形构图是以稳定为主的构图形式，物体画面上呈三角形分布，类似金字塔，给人以平稳、大方的视觉感。如右图，一家三口恰好形成三角形。

三角形构图的全家福

相机：佳能 5D Mark III，光圈：F2.8，快门：1/800 秒，ISO：100，焦距：100mm，曝光补偿：+0.3，拍摄模式：A，
白平衡：自动，测光模式：评价测光

拍全家福、集体照、人物特写、建筑都常常用三角形或梯形构图。拍人像、肖像类图片从肩膀到头就是一个顶级三角形构图，如右图所示。若从脖子开始拍摄或者裁图，图片就比较难看，而且不具备稳定性。

肢体及头部构成的三角形构图人像写真

相机：佳能 5D Mark III，光圈：F8，快门：1/125 秒，ISO：200，焦距：63mm，拍摄模式：M，白平衡：自动，测光模式：评价测光

知识点3：点与面的均衡构图

点与均衡构图

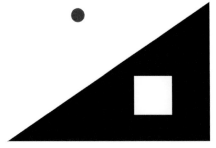

图：剑川的春天　作者：和太宝

相机：佳能 **5D Mark Ⅲ**，光圈：**F4**，快门：**1/1000** 秒，**ISO：640**，焦距：**200mm**，拍摄模式：**A**，白平衡：手动，测光模式：评价测光

纳木错小憩

相机：NIKON D200，光圈：F14，快门：1/250 秒，ISO：100，焦距：70mm，曝光补偿：-0.3，拍摄模式：A，
白平衡：手动，测光模式：评价测光

　　在上面的两幅图片中，点起到的都是画龙点睛均衡画面的作用，点所映衬的都是一个相对比较大的面（或色块），点的出现，使画面更加生动有趣。

第二类：线

知识点 4：以水平线为主的三分法构图

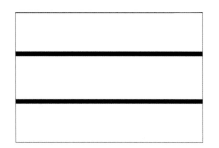

水平线三分法构图

线在画面中起着导向性的作用，能够将读者的视线牢牢抓住并引导到核心的位置。同时，线在画面中又起到均衡画面的效果。拍照时，摄影师要善于将物体形态、色彩、光线组合成不同的线条，用来引导读者读画面时的情绪。树、草、电线杆、河流、波浪、云彩……不同的线条给人不同的视觉感。

三分法构图是指把画面横分成三份，如上图所示。每一份中心都可以放置主体形态，无论是水平线还是垂直线，都必须要保持画面的横平竖直，尤其注意地平线要直，没有地平线可参照的水面要平。

右图是一幅比较典型的水平三分法构图图片，画面中遍地的野花占了三分之二的主画面，表现了春到赛里木湖时野花遍地的美。湖面与天空占了三分之一的空间，一朵云与其倒影点缀其上，体现了湖水的静与美。竖向三分之一位置，在花海与湖面交界左边九宫格的焦点上，又有两辆车点缀其间，带活了花海与水面个大平面，画面活泼有趣。

三分法的关键：一般都会根据主体表达需要，主体占三分之二的方法来构图。

图：赛里木湖之春 作者：牧师

相机：NIKON D200，光圈：F11，快门：1/125 秒，ISO：100 焦距：17mm，曝光补偿：+0.7，拍摄模式：A，
白平衡：自动，测光模式：评价测光

知识点 5：与三分法相似的对称构图

对称型构图即把画面分成两份，形成对称效果。分为左右和上下对称两种，上下对称多以地平线、海平面等水平线为轴线，左右对称多以建筑物、道路、电线杆等为轴线。

下面这幅图是以皇后塔的中线以及塔与倒影间的平地为对称轴线，将读者的视线引向倒影中的黄色圆圈，引导读者考虑并赞叹设计之美。发现倒影时一定要站在正中间位置进行拍摄，否则倒影会变形，影响照片的美观。

清迈因他农山皇后塔

相机：佳能 5D Mark III，光圈：F8，快门：1/400 秒，ISO：200，焦距：24mm，曝光补偿：
+0.3，拍摄模式：A，白平衡：自动，测光模式：评价测光

　　下面这幅图以海上的石桥为对称轴，以具有透视和引导效果的直线表现画面的张力。同时，涨潮时潮水涌上来的慢门拍摄，又为画面增添了宁静感。

海上石桥

相机：佳能 5D Mark III，光圈：F22，快门：5 秒，ISO：50，焦距：17mm，曝光补偿：-0.3，拍摄模式：A，
白平衡：自动，测光模式：评价测光

　　拍摄这类照片时，站起来、蹲下去，取景的角度都会发生变化。不能总与自己的身高等同的角度去拍摄，这样很难拍出与众不同的片子。每遇到一个想要拍摄的景，可以尝试蹲下、俯视、甚至躺下去的角度去拍。有时候，一个小水潭就可以拍出汪洋大海的效果。

知识点6：对角线构图

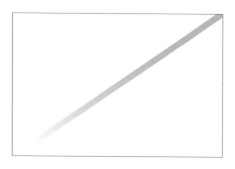

对角线构图

对角线构图是指画面呈对角线方向分布，如下图所示。这种构图可以破除呆板，形成特别的视觉感，并具有一定的冲击力，空间上具有纵深及延伸感。

春到林芝

相机：佳能 **5D Mark II**，光圈：**F5.6**，快门：**1/320** 秒，ISO：**200**，焦距：**55mm**，曝光补偿：**+0.3**，拍摄模式：**A**，
白平衡：自动，测光模式：评价测光

　　这张图的妙处就是选择了对角线的梨花枝做主体，背景是藏房，既体现了花的美又交代了环境。

峡谷中的河流

相机：佳能 **5D Mark III**，光圈：**F11**，快门：**1/125** 秒，**ISO**：**100**，焦距：**200mm**，曝光补偿：**-0.3**，拍摄模式：**A**，白平衡：自动，测光模式：评价测光

　　《峡谷中的河流》是从上往下选择峡谷底部的一条泥沙中的树根形的弯曲河道作为主体，调整构图方位，使其成为对角线，将唯一的绿树放在自己最想要的位置时按下快门。河流与沙土，树与树根形的河流，共同讲述生命的力量，画面非常具有感染力。

知识点 7：放射线、曲线、特殊形状构图

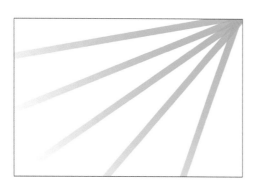

放射线构图

由线的集散点开始，由线引导到画面主体上。如建筑线的引导、透过树木的光芒引导、耶稣光、太阳光的引导等都属于放射线构图，如上图所示。而S形、O形、C形、Z形、三角形等自然形成的一些特殊图片属于曲线构图，这些线需要拍摄者善于发现与观察，可参见以下各图。

怒江第一湾

相机：NIKON D200，光圈：F8，快门：1/30 秒，ISO：200，焦距：18mm，曝光补偿：-0.3，拍摄模式：A，
白平衡：自动，测光模式：评价测光

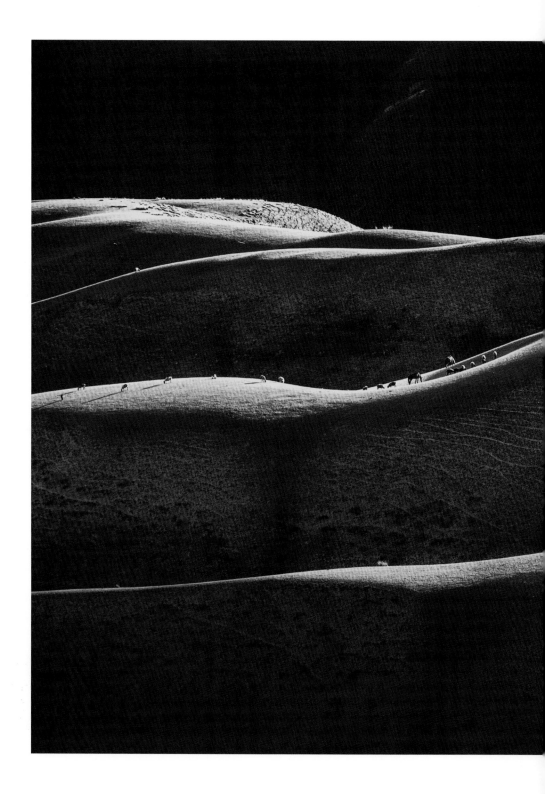

九曲光影

相机: 佳能 **5D Mark Ⅲ**, 光圈: **F8**, 快门: **1/50 秒**, ISO: **100**, 焦距: **200mm**, 曝光补偿: **-0.7**, 拍摄模式: **A**,
白平衡: 自动, 测光模式: 评价测光

昆明小火车轨道

相机：佳能 5D Mark III，光圈：F5.6，快门：1/125 秒，ISO：100，焦距：58mm，拍摄模式：A，
白平衡：自动，测光模式：评价测光

知识点 8：色块与线条组合

此种构图比较适合大面积色块构成的风光照，季节性比较强。这种图片，往往同时又结合了线条构图，如以下各图所示。

大花地·调色盘

相机：佳能 5D Mark III，光圈：F8，快门：1/160 秒，ISO：200，焦距：93mm，曝光补偿：-0.7，拍摄模式：A，白平衡：自动，测光模式：评价测光

小麦·音符

相机：佳能 5D Mark III，光圈：F8，快门：1/200 秒，ISO：100，焦距：40mm，曝光补偿：-0.7，拍摄模式：A，白平衡：自动，测光模式：评价测光

知识点 9：点线面的结合

　　很多时候，点线面是相互结合的，了解点线面的构图方法有利于我们合理安排画面中的元素，充分表达自己想要表达的画面语言。

　　右侧这张图中，重点表达是戈壁日出时的意境，主体点是太阳、面是日出时呈现微微暖意的天空，线是地平线和塔、电线杆。图片运用了三分法构图、九宫格构图，同时运用了点线面结合的构图方法，画面干净简洁、意境隽永。

日出阳关

相机：佳能 **5D Mark III**，光圈：**F8**，快门：**1/125 秒**，**ISO：100**，焦距：**191mm**，曝光补偿：**-0.7**，拍摄模式：**A**，
白平衡：自动，测光模式：评价测光

诗意霞浦

相机：NIKON D200，光圈：F11，快门：1/4 秒，ISO：100，焦距：80mm，曝光补偿：+2，拍摄模式：M，
白平衡：自动，测光模式：评价测光

上图水面是面，杆是线，面与线构成一幅水墨画，几只鸟的点缀，让画面瞬间充满诗意。
拍摄时加了2挡曝光并在相机上降低了对比度，加大了清晰度。

任务 17：巧用框架式构图

框架式的前景能把观众的视线引向框架内的景物，突出主体。这种构图具有画中画的艺术
效果，赋予主体更多的画面感、表现力或视觉冲击。

公园圆拱门形成自然框架

相机：佳能 **5D Mark III**，光圈：**F5.6**，
快门：**1/160 秒**，ISO：**500**，焦距：**200mm**，
曝光补偿：**+0.7**，拍摄模式：**A**，白平衡：自动，
测光模式：评价测光

峡谷口的山石成为画面的天然框架

相机：**NIKON D200**，光圈：**F8**，快门：**1/400 秒**，ISO：**100**，焦距：**18mm**，拍摄模式：**M**，白平衡：自动，测光模式：评价测光

上面这两幅图的前景是自然形成的框架，如此取景是为了更加突出主体。而右侧这幅图，框架本身就是主体。

古格废墟

相机：NIKON D200，光圈：F8，快门：1/160 秒，ISO：100，焦距：17mm，曝光补偿：-0.3，拍摄模式：M，
白平衡：自动，测光模式：评价测光

任务 18：具有画外音的开放式构图

开放式构图是借用画面上具有表达力的元素，向外传达画面里内含的思想。着重于画外的冲击力，具有画外话的效果，常常通过背影、局部特写等拍摄手法，向观众传达作者想要说的话。

相机：佳能 **5D Mark III**，光圈：**F2.8**，快门：**1/125 秒**，ISO：**640**，焦距：**70mm**，曝光补偿：**+0.7**，拍摄模式：**A**，白平衡：自动，测光模式：评价测光

上图简洁纯洁的画面中，只突出体现绑婚纱带这一动作，表达了作者心中的祝福与喜悦，传达了婚嫁的美好之情。

相机：佳能 **5D Mark III**，光圈：**F2**，快门：**1/1250** 秒，**ISO**：**100**，焦距：**50mm**，曝光补偿：
-0.3，拍摄模式：**A**，白平衡：自动，测光模式：评价测光

上图中两只在好日子里紧紧相握的手，传达的是爱、是信任和美好，一切无需多言。

任务 19：灵活运用对比手法

理解了构图方法以及点线面元素的运用之后，我们已经学会了画面安排的基本规律，想让画面内容更充实、更具有特性甚至创新性，需要学会下面一些构图手法的运用：对称、平衡、对比、多样性统一、变化与节奏等。

这些手法，又都是通过光线、色彩、线条、影调等来实现。

有对比的图片比较耐人寻味。画面想要引人入胜，矛盾的制造，画面元素的对比常常能出奇制胜。画面中的冷与暖、大与小、多与少、黑与白、明与暗都可以用作对比。

1. 冷暖对比

下面这张图拍摄的是梅里雪山，10月是神秘的梅里雪山比较容易看到日照金山的时候。早晨7点当太阳光驱开云雾，终于将整排雪山照亮时，金山与天空、山谷形成自然的冷暖对比。

图：梅里的早晨 作者：寒藤

相机：**Hasselblad H4D-50**，光圈：**F20**，快门：**1/6 秒**，ISO：**100**，焦距：**65mm**，拍摄模式：**A**，白平衡：自动，测光模式：评价测光

相机：佳能 5D Mark III，光圈：F4.5，快门：1/80 秒，ISO：400，焦距：200mm，拍摄模式：M，白平衡：自动，
测光模式：评价测光

　　上图用长焦及背景虚化效果突出了桃花枝的局部特写，色彩上采用了冷暖对比手法，凸显了花的柔媚与清雅。

2. 动与静的对比

相机：佳能 5D Mark III，光圈：F13，快门：1/30 秒，ISO：400，焦距：23mm，拍摄模式：M，
白平衡：自动，测光模式：评价测光

　　长时间曝光后海面与近处的水面平如镜子，桅杆与一条小船不动，另一条小船却在海风吹拂下摇摇摆摆，它的动与周边的静，它因风而来的虚与旁边的实也形成了对比。同时，上图画面中的蓝与灯光下小船的黄色形成冷暖对比，画面意境悠远。

相机：佳能 5D Mark III，光圈：F16，快门：0.6 秒，ISO：200，焦距：24mm，拍摄模式：M，
白平衡：自动，测光模式：评价测光

　　上面这张图片拍摄于早晨日出时分，当时云很厚，太阳出不来，但云缝中露出的太阳光依然照在面前光滑的岩石上，岩石湿冷，光斑却温暖明亮，海浪拍击在岩石上激起飞沫般的浪花。用F16的光圈，1/6秒的慢门速度将浪花变成轻烟，使画面动静对比分明，石头、海面的冷、阳光的暖，远处的小船与近处的大石头，均形成了对比。

图：绽放 作者：文建军 拍摄地点：新西兰

　　一堆静静的岩石中忽然炸开一朵浪花，高速快门瞬间抓取的动感与似乎还在开启的明亮太阳光一起与岩石形成对比，使上图整个画面都活跃起来。

3. 虚实相映的对比

这种拍摄手法主要是指被摄主体与前、后景的清晰、模糊关系，目的是突出主体、渲染气氛以及空间的纵深感。

拍下图的时候夕阳正西下，海面正在涨潮，云稍微有点厚，夕阳的红光无法从云里透出来染红云彩和海面，于是我便用30秒，极慢的快门速度加渐变灰镜压暗天空和海面，把水拍成雾状、把流动的云拍成虚幻的拉丝状，动与静、虚与实的对比让画面有了灵动感。

相机：佳能 5D Mark III，光圈：F22，快门：30 秒，ISO：50，焦距：17mm，拍摄模式：A，白平衡：自动，测光模式：评价测光

4. 大与小的对比

下图中平静的水面上只有一张大荷叶和一个已经枯萎的荷叶相互依偎互相对比，表达着生命的延续，画面干净诗意。

相机：NIKON D200，光圈：F11，快门：1/80秒，ISO：100，焦距：240mm，拍摄模式：M，白平衡：手动，测光模式：评价测光

下图中敦煌阳关道上的这块大石碑凡是去到那里的人都能看到，四野之外除了这几块石头和远处的两辆战车，别无他物。如何表现这古老边关的苍茫与孤寂，是我走入阳关就一直在考虑的问题。远处的战车在蓝色长空下本来就很写意，但如果没有阳关道这几个字，它也就失去了意义。于是我蹲下身，采用仰拍的角度有意凸显石碑的高大，利用近大远小的透视关系，将旁边的石头和战车置于视线的外围，更加突出了旷野的寂静。

相机：佳能 **5D Mark III**，光圈：**F8**，快门：**1/125** 秒，**ISO**：**100**，焦距：**35mm**，拍摄模式：**A**，白平衡：自动，测光模式：评价测光

如果没有巨大土堆的投影和那两个小小的人来与土堆的高大突兀做对比，下面这幅图就少了很多的灵气，成了一张最普通的风景照。左右两边和前方的土堆形成了三角透视关系，选好位置后站在那里等，直到两个人出现时按下快门。两个人物反衬了魔鬼城的宁静与神秘。

相机：佳能 **5D Mark III**，光圈：**F8**，快门：**1/320** 秒，**ISO**：**100**，焦距：**40mm**，曝光补偿：**-0.3**，拍摄模式：**A**，
白平衡：自动，测光模式：评价测光

5. 相对意义的对比

右图一边是花的盛开，一边是花儿凋谢只剩莲蓬，生与死，大与小的对比。

相机：NIKON D200，光圈：F11，快门：1/80 秒，ISO：100，焦距：300mm，曝光补偿：+0.3，拍摄模式：A，白平衡：自动，测光模式：点测光

相机：佳能 5D Mark III，光圈：F2.8，快门：1/1000 秒，ISO：800，焦距：28mm，曝光补偿：+0.7，拍摄模式：A，
白平衡：自动，测光模式：评价测光

　　恪守清规清晨出来化缘的和尚与现代时尚玩赛车的年轻人在同一平面同一轨道相遇，对比鲜明的画面给人以无限感慨与遐想。

任务 20：强调节奏与旋律

　　节奏和韵律是指画面中的物体按照某种相似或者重复的规律排列，使画面具有同一性。比如某些建筑某个局部的线条、某些树的倒影等。通常人们会利用线条、色彩、光线的形状、起伏和色调等特征表现画面，使整个画面具有流畅、和谐等特点，以此来凸显主题。

　　霞浦的船屋是当时海面上的一大特色。初看非常凌乱，但远远近近之间似乎又有规律可循，所选角度大房屋的延伸错落，白色浮体密密麻麻中的整齐与一致，水面的分隔又使密集中有了一定的呼吸空间。于是用长焦调取了下图画面中所展现的船屋局部部分，使空间有所压缩，后期采用方形构图进一步压缩视觉空间，加强了画面的节奏感。

相机：**NIKON D200**，光圈：**F13**，快门：**1/200 秒**，ISO：**100**，焦距：**135mm**，曝光补偿：**+0.3** 拍摄模式：**A**，白平衡：手动，测光模式：点测光

图：劳动中的惠安女 作者：赵樑

相机：FinePixs3pro，光圈：F5.6，快门：1/125 秒，SO：200，焦距：34mm，拍摄模式：A，
白平衡：自动，测光模式：评价测光

　　上图有着非常明显的统一韵律和节奏。作者抓住了小巷中的这一幕，集中表现出了惠安女
的衣着特色，以及她们的美与勤劳。

任务 21：妙用统一中的变化点

这种手法可以理解为节奏与旋律的变化升级版。它要求拍摄者能在相似或者基本一致的旋律、节奏、动作、画面中发现那个特立独行、不太一样的点来突出表现主题。

下面这张图拍摄于阴天时的霞浦早晨，没有光线，海面除了这些线条之外，几乎没什么表现力。但线条却是非常有规律的，将海面略微过曝，有点国画的感觉。等小船从水道上出现的时候，规律中有了最吸引人的动点，于是等船走到需要的位置按下快门，一幅静谧而又灵动的国画完成了。

相机：NIKON D200，光圈：F8，快门：1/125 秒，ISO：400，焦距：92mm，曝光补偿：+0.3，拍摄模式：A，
白平衡：手动，测光模式：点测光

图：看藏戏　作者：赵樑

　　而上面这幅图在一群穿藏袍动作一致朝着前方看表演的人们当中，一个穿红衣的小孩子无意间回头被作者抓拍，形成人群中的亮点，一下就抓住了读者的眼球，突出、易记，特点明显。

任务 22：增加前景的运用

　　寻找有特色的前景，有利于为你想拍的风景创造有趣的视觉效果，使整个画面都活跃起来，并具有一定的韵味，增加了画面的空间感、层次感。

　　下面这幅照片主要要表现的是黄昏时太阳光照射在绿草地和马身上的那一片漂亮光影。但我没有拉长焦只表现主题这一个点，而是用面前山坡上的小花做前景，光影背后的树和远处的雪山做背景，先构成一幅内容丰富结构合理和画面，然后等光，光一到，图片自然就成了，画面感、意境均达到了心中所想。

相机：佳能 5D Mark III，光圈：F8，快门：1/60 秒，ISO：100，焦距：97mm，拍摄模式：A，白平衡：自动，测光模式：评价测光

当时在这里，目的就是想拍摄面前的白茫雪山。可是站在已有的海拔高度上拍这雪山，并没有眼睛看见的那么雄伟、苍茫，而且总觉得单调。我所站位置不远就是一个当地人放的很大的经幡。于是我走近它，在经幡的旁边给山找了一个合适的前景，拍下下面这幅图。这个前景，一方面起到了框架构图、增加画面的层次和空间感的作用，另一方面，也给画面做了交代和注释，这是藏区人民敬爱的神山。让画面会说话，是前景的一大作用。

相机：NIKON D200，光圈：F8，快门：1/320 秒，ISO：100，焦距：24mm，曝光补偿：-0.3，拍摄模式：A，
白平衡：自动，测光模式：评价测光

任务 23: 适当运用夸张手法

夸张手法在一定程度上可以起到强调主题，强化视觉中心，给人以强烈冲击力的感觉。它可以通过有特点的特写或者用广角靠近主体来获得。

相机：佳能 **5D Mark III**，光圈：**F16**，快门：**1/125** 秒，**ISO**：**100**，焦距：**24mm**，曝光补偿：**+0.7**，拍摄模式：**A**，
白平衡：手动，测光模式：评价测光

这张照片是在新疆6月的独库（独山子到库尔勒）公路上拍的。路绕山而行，山顶上全是皑皑积雪。被铲开的路两边的积雪特别显厚，又恰是夕阳正下落的时候。为了表现这积雪的质感和一些透亮的光感，我跑到稍稍侧逆光的方位，用24mm端的小广角靠近雪堆拍下了这张夸张的照片，视觉效果不错。

学习笔记——构图方法及运用总结

构图就是为了表现主体的内容和视觉美感效果，将主体和它周边的其他元素利用主体和陪体、前景、背景之间的关系有意识地组合在一起，构成有一定表达意义的画面。作者有意识地进行构图时就是对环境进行取舍与选择，选择有利于表达画面的元素，去除干扰画面表现的元素，以便达到最好的表达效果。

所以，构图法则就是做减法。

构图的三个基本元素是点、线、面，它们之间的排列组合使构图变化多端。通过点、线、面可以划分出如下比较经典的构图方法：

（1）黄金分割，九宫格构图是最常用、最实用构图方法。

（2）以水平线为主的三分法构图。

（3）特殊形状的形状类构图，如：三角形、S形、C形、Z形等。

（4）利用前景构成的框架构图。

（5）"会说话"的开放式构图，也叫大师级构图。

在这些构图方式的基础上，活用对比、夸张、统一与变化的妙用等手法，能让画面更加出色。所以，主题是一幅作品的灵魂，构图则是体现灵魂的最佳方式。构图是决定画面成败的关键性因素。

掌握基础构图后，还需要根据现场情况灵活多变，善于突破，被各种方法绑住手脚未免迂腐。但不懂基础乱拍，更不提倡。

4

抓住神韵——人像摄影实景训练

经过前面三个部分的学习，大家已经能够掌握摄影所需的基本知识和技能。从这一章起，我们进入实际拍摄的操练阶段。相机是一个需要技术操控的工具，但操作者是人，人的拍摄思路决定要运用的拍摄技术，所以拍摄思路、也就是拿相机那个人的拍摄想法是最重要的。拍摄思路决定所要运用的拍摄技术，拍摄思路决定了构图等画面所要呈现的必要元素。所以每一个训练任务在讲基本技法的同时，首先会告诉大家拍摄思路。

人像摄影是以人为主要对象的拍摄形式，所要表达的就是人的特点、神韵、形态及人和环境的关系。想要拍好人像，首先要抓住人的表情、特点、动作等瞬间表现，同时灵活运用影调，合理构图、科学用光、协调处理人与前景、背景的关系。

一、人像四项基本要求

（一）用表情说话，表情高于一切。

1. 拍模特。人要漂亮，表情动作要有表现力

再漂亮的模特，没有表情、没有表现力，等于一个空架子。有的模特五官不是非常美，但是她表情很有表现力，肢体语言神态语言很棒，各方面素质非常专业，就可以弥补五官上的欠缺。又美又有表现力的，那就已经给你的照片加分了。摄影坊间有一句话：有个漂亮又有表现力的模特，你的照片已经成功了一半。

但模特漂亮并不意味着你就可以拍成功，还需要关注模特的长相及气质特点以及服装搭配、妆容、造型等各个方面。一个优秀的人像摄影师，一般都有一个配合默契的化妆师或造型师。所以，学习、练习及拍摄成长期，培养自己与造型师的关系也很重要。

图：清澈 摄影：文建军

人物的面部表情和会说话的眼睛给人留下极深刻的印象

其次，要善于和模特沟通，把你所要拍摄的想法告诉模特，让她能够领会，配合你完成拍摄思想，那就是高境界的拍摄了。

2. 拍摄朋友或者家人，捕捉动人瞬间

要求你的朋友或家人美若天仙，那几乎是奢求了。这种拍摄就需要摄影者善于捕捉和感知家人和朋友在自然状态下的动人瞬间。

用顽皮的神态与动作瞬间表现小孩子的可爱

相机：佳能 5D Mark III，光圈：F5.6，快门：1/125 秒，ISO：200，焦距 55mm，拍摄模式：A，
白平衡：自动，测光模式：评价测光

3. 拍人文场景中的人，抓住特点

人文摄影中的绝大部分都涉及人，拍这类人，最重要的就是快速反应，抓住你发现的那个人的特点，要么是这个人长相的特点，要么是他动作表情的特点，要么是人和环境之间发生巧妙关系的特点，总之，就是要有特点、有特色。

利用人物表情、肤色、服饰等特点反应当地人文特色

相机：NIKON D200，光圈：F4.8，快门：1/40 秒，ISO：100，焦距60mm，拍摄模式：A，白平衡：手动，测光模式：评价测光

（二）用简单、干净的背景传达意境

非人文的人像摄影，一般都要求背景要简单，将人从背景中分离出来，重点突出人物。这就需要选择相对干净、或者色彩简单、好看的地方作为背景，尽量虚化。所以，人物头顶长树、身上多根电线杆、或者水平线、房檐切脖子、某个身体部位上多出个物体等现象都要尽量避免。拍环境人像则要求背景漂亮或者有意境。

下面这张图背景的选取及虚化都非常干净，人物表情抓拍到位，一对新人含情脉脉的样子跃然纸上。

干净的背景和人物表情突出表现了甜蜜蜜的意境

相机：佳能 **5D Mark III**，光圈：**F2.8**，快门：**1/1000 秒**，**ISO**：**200**，焦距 **62mm**，曝光补偿：**+0.3**，拍摄模式：**A**，
白平衡：自动，测光模式：评价测光

小雨中的天气给整个画面带来了干净、美妙的氛围

相机：**NIKON D200**，光圈：**F4**，快门：**1/250 秒**，**ISO**：**200**，焦距 **20mm**，拍摄模式：**M**，白平衡：手动，
测光模式：评价测光

上图小雨中淡青色的山、水、树和花本身就是一幅非常有意境的山水画，将人置入其中，
自然意境优美。

（三）用影调和基调决定图片的情绪

影调就是照片的基调或调性，也就是照片中通过光线、色彩等表现出来的明暗层次给读者带来的感受和情绪。人像作品按照影调区分为：高调人像、中间调和低调人像。在拍摄之前，根据人物以及环境的基本特征，首先要确定好所要拍摄的照片的调性。

1. 高调人像

画面大部分是高光或者是白色，给人以纯洁、干净，明亮、浪漫的感觉。高调人像并不排斥深色，恰到好处的一点深色恰恰能成为视觉中心。多用于婚纱、年轻女性人像及儿童写真。

相机：佳能 5D Mark III，光圈：F2.8，快门：1/100 秒，ISO：640，焦距：50mm，拍摄模式：A，白平衡：自动，测光模式：评价测光

相机：佳能 **5D Mark III**，光圈：**F2.8**，快门：**1/200** 秒，ISO：**100**，焦距：**42mm**，拍摄模式：**A**，白平衡：自动，测光模式：评价测光

2. 低调人像

下图画面上黑色影调占的面积大，白色影调占的面积小，整个画面给人以深沉、厚重感。多用于一些环境及特殊的人文、男性、老人摄影。

相机：佳能 **5D Mark III**，光圈：**F2.8**，快门：**1/125 秒**，ISO：**1600**，焦距：**50mm**，曝光补偿：**-0.3**，拍摄模式：**A**，
白平衡：自动，测光模式：评价测光

3. 中间调人像

简单说就是除去白色亮色等高光色，除去黑色等暗沉色，以中间调为主的人像作品。其特点是反差小、画面层次丰富，平时我们看到的作品大多都是中间调。

相机：佳能 **5D Mark III**，光圈：**F2.8**，快门：**1/60 秒**，ISO：**400**，焦距：**63mm**，曝光补偿：**+1**，拍摄模式：**A**，
白平衡：自动，测光模式：评价测光

相机：佳能 5D Mark III，光圈：F5.6，快门：1/160 秒，ISO：1600，焦距：200mm，曝光补偿：-0.7，拍摄模式：A，
白平衡：自动，测光模式：评价测光

（四）用构图强调主题

与被拍人物的距离、角度、方位不同，拍出来的照片直观构图也就不同。所以，拍摄者与被拍人物的距离、方位、角度的选择将直接决定所拍出来的照片是否好看，是否有气质，是否是拍摄者想要的感觉。当你面对所要拍的人物主体不知道该如何去拍的时候，可以从这三个方面入手。这是实践得出的真知，多试多练。总站在一个位置拉长焦、短焦，拍出来的照片将千篇一律。

模特可以移动，拍摄者更可以根据自己所需随时移动构图，如下图所示。

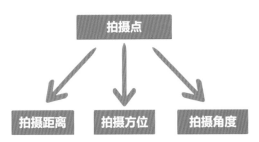

人像摄影构图的拍摄点

1. 由拍摄距离决定的特写、半身、七分身、全身人像

拍摄距离就是拍摄者与被拍者之间的远近距离，可以利用镜头变焦伸缩改变距离，也可以利用双脚，走近走远。就看拍摄者想得到怎样的画面，想要表现什么。

特写：拍摄人肩部以上位置的图片。主要侧重于抓拍人物的表情、眼神等自然瞬间，或者独特的轮廓线，有别于只拍人脸的大头贴。

突出表情及面部的特写人像

相机：佳能 5D Mark III，光圈：F8，快门：1/125 秒，ISO：200，焦距：70mm，拍摄模式：M，白平衡：自动，测光模式：评价测光

突出表情及面部的特写人像

相机：佳能 EOS 40D，光圈：F11，快门：1/125 秒，ISO：100，焦距：68mm，拍摄模式：M，白平衡：自动，测光模式：评价测光

半身人像：贴近人物，拍摄其腰部下方至头部位置的人像。半身人像最适合表达人物的性格及其优美的姿势，切忌从腰部截图。

突出人物性格及姿态的半身人像

相机：**NIKON D200**，光圈：**F4**，快门：**1/40 秒**，**ISO：200**，焦距：**105mm**，拍摄模式：**A**，
曝光补偿：**+0.3**，白平衡：自动，测光模式：评价测光

七分身人像：画面在人物膝盖下方一点至头顶，切忌从膝盖截图。

可以取中、近景的半身人像

相机：佳能 **5D Mark III**，光圈：**F2.8**，快门：**1/1000 秒**，**ISO：100**，焦距：**100mm**，拍摄模式：**A**，
白平衡：自动，测光模式：评价测光

全身人像：采用全景拍摄，人物全身都出现在画面中。这种拍摄方法有利于人物和周边环境有机联系，便于创造情调和氛围。

人融于景的全身人像

相机：佳能 **5D Mark III**，光圈：**F8**，快门：**1/125 秒**，ISO：**200**，焦距：**89mm**，拍摄模式：**M**，白平衡：自动，测光模式：评价测光

2. 由拍摄方位决定的正面、侧面、背面人像

方位是指被拍摄主体的前后左右等位置。不同位置，拍摄出来的照片感觉也不尽相同。正面：可清晰展示人物的眼神、表情等形象特征。但需特别注意：正面人像并不是说人脸和人物身体全都要正对镜头，尤其是拍非特写、非证件照正面人像时，人的身体或头部应该和镜头有一定的角度，或者通过人物的肢体和身体语言和镜头形成一定的角度，这样的正面才不会显得过于呆板。

富有趣味的正面人像

相机: 佳能 5D Mark III, 光圈: F2.8, 快门: 1/80 秒, ISO: 400, 焦距: 57mm, 曝光补偿: +1, 拍摄模式: A,
白平衡: 自动, 测光模式: 评价测光

身体与镜头成一定角度的正面人像

相机：佳能 5D Mark III，光圈：F8，快门：1/125 秒，ISO：200，焦距：70mm，拍摄模式：
M，白平衡：自动，测光模式：评价测光

    侧面人像可分为三分侧（只能看见被摄者部分正面，另一侧的轮廓线鲜明）、七分侧（能看到被摄大部分正面）。根据拍摄者的需求及抓拍被摄者的瞬间表现得到。

三分侧人像

相机：**NIKON D200**，光圈：**F2.8**，快门：**1/320 秒**，**ISO： 100**，焦距：**50mm**，曝光补偿：**+0.3**，拍摄模式：**A**，
白平衡：自动，测光模式：评价测光

侧面人像

相机：NIKON D200，光圈：F5.6，
快门：1/60 秒，ISO：200，
焦距：105mm，曝光补偿：-1，
拍摄模式：A，白平衡：自动，
测光模式：评价测光

背面：拍人物的背面，表达含蓄、优美等多种意境。

背面人像

相机：NIKON D200，光圈：F5.6，快门：1/40 秒，ISO：200，焦距：105mm，曝光补偿：-0.3，拍摄模式：A，
白平衡：自动，测光模式：评价测光

背面人像

相机：佳能 **5D Mark III**，光圈：**F4.5**，快门：**1/500** 秒，**ISO**：**50**，焦距：**43mm**，曝光补偿：**+0.7**，拍摄模式：**A**，
白平衡：自动，测光模式：评价测光

3. 由拍摄角度决定的平视、仰拍、俯拍人像

平视：使用平行于人物眼睛的高度去拍摄所得的人像图片，是人像最常见的拍摄角度。

平视人像

相机：佳能 5D Mark III，光圈：F4，快门：1/500 秒，ISO：100，焦距：200mm，拍摄模式：A，
白平衡：自动，测光模式：评价测光

俯拍：从高处拍摄在低处的人物（机位在高处），这种拍摄角度可让图片脱颖而出。

俯拍人像

相机：NIKON D200，光圈：F1.8，快门：1/160 秒，ISO：200，焦距：50mm，曝光补偿：-0.3，
拍摄模式：M，白平衡：自动，测光模式：评价测光

仰拍：在低处向上仰面拍摄要拍的物体，突出主体（机位在低处）。这种拍摄可以使画面的透视关系具有一定的张力，同时可以避开杂乱的背景，使画面更加简洁，也可以使人腿变得很长。

仰拍一定要注意选择合适的角度，尤其是使用广角镜头仰拍的时候，不注意角度，可能人腿变长了，脚也会变得很大。

仰拍人像

相机：佳能 **5D Mark III**，光圈：**F4**，快门：**1/1000 秒**，ISO：**50**，焦距：**42mm**，拍摄模式：**A**，白平衡：自动，测光模式：评价测光

学习笔记——人像构图总结

（1）距离、方位是构图的一种思路，现场需要随时灵活多变，尝试多角度拍摄。

（2）与所拍人物沟通是人像摄影的重要环节，沟通时注意人物表情、肢体语言、五官特点、漂亮的侧面方位，这些都是帮助构图的灵感来源。

（3）一般情况下人物头顶和眼睛注视的方向要留白，切忌拍摄时从小腿、膝盖、腰部等部位截图，注意不要切掉人物的手指、脚、脚趾，造成肢体不全的感觉，人物手、脚的动作要自然。

（4）人物头部、肢体动作应与身体形成一定角度，否则画面将僵化生硬。总结一定的 POSE 摆法，有助于帮助人物表现肢体语言，调动情绪。

（5）应善于创新，于熟练中发现符合自己风格的构图方式。

二、实景训练：学会用光拍各类人像

所有的拍摄活动都是在有光的情况下进行的，没有光，世界将一片黑暗。光线照射到主体的方向有顺光、侧光、逆光、顶光、散射光等不同方向。我们据此也将人像进行了分类，并一一解析各种光线情况下的人像拍摄方法，这些方法适用于室内外各种环境中的人像。

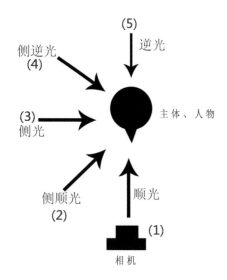

上图为光位，光与所画的相机在同一个位置上。光不动相机动，相机在（1）的位置时为顺光，在（2）的位置时为侧顺光，在（3）的位置为侧光，在（4）的位置为侧逆光，在（5）的位置则为逆光。

任务 24：柔和的顺光人像

顺光也称为正面光，光从相机方向投向人物主体，被摄主体大部分受光，光线均匀，画面真实、自然。这种用光方式在人像摄影中经常用到，尤其拍摄女性及婚纱照时常用，能够充分体现女性的柔美，缺点就是画面整体缺乏立体感。

从下面这张图人物脸上及身上的光可以看出，这是张顺光人像，光就从与拍摄者相同的方向打在人物身上，光线柔和、舒服。

相机：佳能 **5D Mark III**，光圈：**F2.8**，快门：**1/2500** 秒，曝光补偿：**+0.3**，ISO：**100**，焦距：**100**，
拍摄模式：A，白平衡：自动，测光模式：评价测光

拍摄思路：

下午的阳光从正面照在小巷的出口，人正好走进光里。为了突出人物及小孩子的顽皮可爱，使用了大光圈，将人物背景及两个大人进行了虚化，强调了小孩子，画面活泼，耐看。

基本技法：

（1）光圈优先A挡。中长焦压缩空间，摒弃小巷及人物周围并不美丽的环境的干扰，让视线更集中，如下图红线外部分是按快门时就被舍弃的。

（2）对人物脸部评价测光、对焦。

（3）构图是典型的三角形及正面、全身构图法。属于以白色为主的高调作品。

任务 25：室内外常用的侧顺光人像

侧顺光的光线与相机镜头成45°角，这种用光方式在人像摄影中最为常用，通常被做为主光。其特点是既能保证主体的亮度，又能使主体明暗对比得当，有很好的塑形效果。

相机：佳能 **5D Mark III**，光圈：**F14**，快门：**1/200** 秒，**ISO**：**100**，焦距：**17mm**，拍摄模式：**M**，闪光灯，
白平衡：自动，测光模式：评价测光

拍摄思路：

（1）上图是一张利用闪光灯光源拍摄的环境人像。当时是早晨日出前的海边，光线昏暗，但云层非常漂亮，灯打亮人物的同时将背景压得更暗，使主体与岩石、即将破晓的天气、云层形成明暗对比，突显了主体。

（2）人物形体纤细，手长脚长，侧面卧姿并抬起上半身加上手的动作和脸部表情，温柔深情。

基本技法：

（1）采用与光源成45°的机位塑造人物的形体。

（2）用F14的小光圈使人物和环境都清晰。

（3）17mm端的广角将人物置于广阔的环境中，两者相互映衬。

（4）低感光度减少弱光带来的噪点。

（5）全身、侧面、九宫格黄金分割点构图。

相机：佳能 **5D Mark III**，光圈：**F3.5**，快门：**1/40 秒**，**ISO：1600**，
焦距 50mm，拍摄模式：**A**，白平衡：自动，测光模式：评价测光

拍摄思路：

当时在藏族朋友家，这间是喇嘛念经的房间，房间光线较为昏暗。小男孩健康阳光，当时他告诉我初中或者高中毕业要去做喇嘛。说话的时候他左侧前方窗户的阳光正好投射在他脸上，一个阳光帅气的大男孩形象跃然纸上，在他跟我笑呵呵说话的瞬间我按动快门，用光线烘托出了他的性格。

基本技法：

（1）用50定焦的较大光圈，1600的高感光度保证人物清晰。

（2）利用人物侧前方窗户明亮的自然光为人物侧面及身体的主要部分塑形。

（3）无障碍沟通、抓拍表情及眼神。

（4）用光圈优先A挡模式对人物眼睛及周围测光对焦。

（5）正面、全身、居中构图。

任务 26：侧光人像

光线与相机镜头的方向成90° 角，光线照射在人物脸部一侧，烘托画面气氛，表现画面质感。

特点：人物轮廓分明，画面有鲜明的明暗分界线，一面暗一面亮（俗称阴阳脸），可以用来表现主体独特的个性，尤其适合表现男士的阳刚之气。

相机：佳能 **5D Mark III**，光圈：**F2.8**，快门：**1/60 秒**，曝光补偿：**-0.3**，**ISO：1600**，
焦距**50mm**，拍摄模式：**A**，白平衡：自动，测光模式：评价测光

拍摄思路：

当时房间的光线非常暗，老阿妈旁若无人，一直在转动转经筒默默念经。唯一的光源就是与她侧面同一个方向的一扇小窗户，明暗对比强烈。这是自然赐予的最好画面，不用犹豫，蹲在老人侧前方直接按快门（如果站在老人前方与老人同高或者一样高，将难以表现老人的眼睛），老阿妈的安详与笃定得到了很好的展示。

基本技法：

（1）1600的高ISO，F2.8的大光圈，保证弱光下人物清晰，背景适度虚化。

（2）采用A挡光圈优先对老人面部测光对焦，因光源部分非常明亮，所以减了0.3级曝光，亮部细节合适，暗部细节也未丢失，画面质感细腻。

（3）上图和这张图同时都是室内弱光拍摄，除了使用大光圈和高ISO，我还用了蔡司50mm定焦F1.4大光圈手动对焦镜头，画质好，弱光人物细节表现充分，颜色饱满。

（4）正面、半身、九宫格、右三分之一黄金分割点经典构图。

任务 27：逆光人像

光从人物的背后射向主体，光源在相机的正前方正对相机，人物脸部在暗处，人物的头发及身体边缘有漂亮的轮廓光。

相机：尼康 **D200**，光圈：**F2.8**，快门：**1/500 秒**，曝光补偿：**+0.3**，**ISO**：**100**，焦距 **50mm**，拍摄模式：**M**，白平衡：自动，测光模式：点测光

拍摄思路：

模特首先吸引我的就是那被镶了一道金边发亮的长发，然后是猫一样的明亮眼神、漂亮的脸部轮廓，我只需要集中表现这两点就OK。环境是创意园的街巷，人来人往，等待人少的时候用大光圈虚化背景。

基本技法：

（1）白天光线充足，尽量使用低感光度保证画面质感细腻。

（2）使用F2.8大光圈，50焦距靠近主体虚化背景。

（3）因为是逆光，所以使用手动M挡，采用点测光对人物脸部测光曝光加0.3挡，对人物眼睛对焦居中构图。

（4）缺点就是只关注了头发和眼睛，构图时切去了人物的手，使上图有种断手的感觉。

相机：尼康 **D200**，光圈：**F5.6**，快门：**1/320** 秒，曝光补偿：**+0.7**，**ISO**：**100**，焦距：**24mm**，
拍摄模式：**M**，白平衡：自动，测光模式：点测光

拍摄思路及基本技法：

上图是一张较为典型的逆光人像图片，光就在人物背后有一点发白、曝光过度的较亮部位。拍摄时我注意了以下细节：

（1）面对人物但尽量避开把白白的、曝光过度的太阳及天空纳入画面，所以我并没有站在人物的正对面，而是与她形成一定的小夹角，采用竖构图（将过亮的灰白天空或太阳拍进画面，是初学者常犯的构图错误，举起相机拍摄的时候脑子里就要敲起这个警钟。当然，拍摄日系小清新照片时有个别例外，这类照片喜欢画面稍微过曝）。

（2）逆光的光线打在人物身上和头发上，给人物的头发镀了一层漂亮的金边，人物半透的裙子也透出好看的光亮。海上的云也有山雨欲来的气势，所以，我采用逆光、24端小广角拍摄，人物姿态也有一种沐浴阳光欲听雨的感觉，非常漂亮。

（3）逆光人像脸部处于暗处，与背景和太阳光的光比反差非常大，如果按照正常拍摄方法就可能出现人物脸部很黑背景曝光正常，或者人脸曝光正常背景惨白一片的难看现象。所以，此时有两种测光及拍摄方法：

1）对着人脸部点测光，利用曝光补偿增加曝光。这里我加了0.7挡的曝光。如果加了曝光后脸部仍然过暗，就需要用反光板对主体补光。但切忌不要把反光板放在人物脚下，让光从斜下方投射到人物脸上形成的阴影会非常难看，正确的方法是把反光板举起来，让反射到反光板上的光线从斜上方投射到人物脸上。

2）利用手动M挡对人物背景或周围18°灰的地方测光，然后对人物脸部对焦构图拍摄。本图呈现18°灰的地方有浅灰色的云、浅灰色没有反光的水、人物右手臂皮肤或者拍摄者自己手上的皮肤等，究竟怎样的色调比较接近18°灰，需要多观察、多实践、多练习。利用18°灰的地方测好光之后，锁定曝光对焦构图拍摄，根据拍摄情况再适当加减曝光，基本都可以得到曝光相对准确的图像。

（4）当时的云非常有气势、涨潮的海水与天同色，沙滩被光打得很亮，这些环境如果忽略拍成背景虚化的照片就没有多少意义了，所以我采用了F5.6的光圈，使人物、背景均清晰，并呈现出相互映衬的和谐关系。

TIPS

逆光人像的层次感非常丰富，画面生动，可以使人有眼前一亮的视觉感，很多人像摄影师都喜欢拍逆光人像。但其用光及角度非常讲究，拍摄时要特别细心，勤学多练，积累经验，平时也应注意以下几点：

（1）选择晴天阳光好的时候拍摄，没有雾霾。

（2）选择比较干净的背景，结合反光板给人物面部补光。

（3）时间最好是夏天：8:00~11:00，16:00~18:00；冬天：9:00~12:00，14:00~17:00。

任务 28：剪影人像

逆光时非常适合拍诗意的剪影人像。

相机：尼康 D200，光圈：F9，快门：1/160 秒，ISO：100，焦距 20mm，拍摄模式：A，
白平衡：自动，测光模式：评价测光

拍摄思路：

当时没有带闪光灯，也没有外拍灯，太阳即将落下，光线较暗淡，如果按照正常思维拍摄必须使用大光圈、高ISO才能使人物清晰，但背景必然会过曝或者虚化；如果使用小光圈、就必须闪光灯补光才能拍出人物清晰背景被压暗的画面。在现有的条件下，看到有点下坠气势的云，我决定拍剪影，让人物的剪影与云形成对话的姿态，黄昏时分，对云高歌的上图画面就出现了。

基本技法：

（1）这种拍摄没有特别的技巧，使用小光圈、低感光度、合适的快门使环境和人物清晰即可。如果光线过暗，快门速度太慢会使人物模糊，就要提高ISO。

（2）重要的是找准机位，让模特稍微侧身露出身体曲线和脸部轮廓，并且找准人和云可以形成对话的方位，同时兼顾构图。人物的位置我采用的是九宫格右1/3黄金分割点构图，地面和天空的比例采用的1/3构图法。

（3）用20mm的小广角仰拍靠近人物，拉长人物的腿和身体比例，提高画面的活力，同时让云有少许的下坠感。

剪影人像需要注意的是：剪影及暗部不能死黑，黑的没有丝毫细节就不好看了。此时一定要回放看直方图，暗部不能撞墙。

任务 29：冲光人像

逆光或者侧逆光拍摄时，太阳的位置在相机正前方或侧前方时，会出现明亮的透明光纱、光柱、光晕或者耀斑，这种现象叫冲光。冲光在取景器中就能看见，有时候是一串光斑。光斑会使景物有模糊不清的感觉，很多风光照比较忌讳出现这种光斑，传统摄影会把这种片叫废片。而且过于强烈的阳光会给相机带来一定的损害。但冲光用得好，或者光斑恰到好处，又能拍出唯美或者立体感很强的照片，所以备受人们欢迎，拍摄者也都喜欢一试。要拍到这种光纱或者光晕并拍出逆光片的唯美感需要以下条件：

（1）逆光或者侧逆光。

（2）尽量拿掉遮光罩。

（3）变幻拍摄位置通过镜头发现和寻找光晕。

相机：佳能 5D Mark III，光圈：F5.6，快门：1/640 秒，ISO：200，焦距：70mm，拍摄模式：A，白平衡：自动，
测光模式：评价测光

拍摄思路：

拍摄地在一个山谷，早晨9点多，阳光刚刚爬上小山透过大树照进来，迎着阳光，草地上像蒲公英似的白色花朵反射出漂亮的反光。看见这片光线的同时看见这两个朋友正放松亲密地谈话，正对阳光，取景器里能看见纱一样的光线，头脑中立刻反映出一对情侣被笼罩在光中神圣温馨的样子，当即构图完成拍摄。这张片子的亮点就是发现光柱，并将人物放进了光线里，逆光自然产生的光纱和耀斑为图片增加了神秘、可爱的气氛。所以，善于发现就能为图片增色。

基本技法：

（1）虽然是逆光的早晨，但光线里的人还是比较明亮，而且主要体现的是人物间的亲密姿态，对环境也要有一定的交代，不需要虚化环境，所以采用了ISO200的感光度，F5.6的光圈，光圈优先、自动白平衡、对着人脸评价测光对焦即可。

（2）环境人像，九宫格构图法，男主角在右1/3焦点处。

相机：佳能 5D Mark II，光圈：F58，快门：1/50 秒，ISO：100，焦距：70mm，曝光补偿：-0.7，拍摄模式：A，白平衡：自动，测光模式：评价测光

上面这张图从严格意义上说应该是一张环境人像或者说带环境的人文作品，但却能更为形象和清晰地阐释冲光所造成的光斑给图片带来的朦胧和透亮感。

TIPS

冲光常会造成人脸模糊，一定要拍冲光而且强调人脸清晰，建议拍侧逆光（如下图），完全逆光要注意给人脸补光。

147

相机：佳能 5D Mark II，光圈：F2.8，快门：1/200 秒，ISO：100，焦距：70mm，拍摄模式：A，白平衡：自动，测光模式：评价测光

拍摄思路：

光线在人的侧前方，旧铁路是难得的场景，我找到能表现铁轨交汇延伸透视点的位置后把人放在了既能体现人又能表现铁轨和环境的位置，利用冲光形成的透明纱一样的光线为画面营造了气氛。

基本技法：

（1）基本参数如图。

（2）主体是人，我用大光圈、中焦虚化了部分背景。为了让人脸清晰，采用了侧逆光位。

（3）构图为三分法、侧面、半身人像构图。

任务 30：侧逆光人像

光从被摄主体的侧后方射向主体，与镜头构成约120°~150°夹角。人物受光面占1/3，背光面占2/3，人物的头发、面部等受光部位的立体感较强，画面具有一定的质感，暗背景时画面整体偏暗。

图：欣闻酒香 摄影：文建军

相机：佳能 **5D Mark III**，光圈：**F3.5**，快门：**1/25**，曝光补偿：**+0.3**，ISO：**100**，焦距：**100mm**，拍摄模式：**A**，

白平衡：自动，测光模式：评价测光

拍摄思路：

　　酒窖里光线很暗，但一盏在人物侧后方的灯打在人物头发及其旁边的酒架和酒瓶上，自然形成反光板将光反射到人物右半边脸部和头发上，形成极好的逆光和侧逆光塑形效果，画面虽暗，但气氛柔和。

基本技法：

（1）光线暗，使用三脚架保证人物清晰。

（2）观察光线的方向，合理安排人物所在位置。

（3）中长焦、F3.5的光圈使背景有一定的虚化，七分侧面九宫格右1/3焦点构图。

任务 31：顶光及户外前景利用人像

顶光：光线从人物头顶上直接照射下来，其中正午的阳光最具代表性。这种光线可使人物的眼睛、鼻子等部位出现非常难看的阴影，如果一定要正午拍摄，就要用反光板或者白色物体给人物补光。下面这张图片较好地利用了人物的白色衣服作为反光板给面部进行了补光。因为此图涉及前景利用，就一起讲述。

户外人像经常会在树林中有树或者有花草有石头等户外环境中拍摄，此时就要善于利用一些可以利用的景物做前景，为图片增加氛围，突出主体。

图：春花开了 摄影：星火

相机：佳能 5D Mark III，光圈：F4，快门：1/500 秒，ISO：200，焦距：200mm，拍摄模式：M，白平衡：自动，测光模式：评价测光

拍摄思路：

春天，满城杜鹃花开放，但大多是在路边，拍摄不便。利用中午下班时间去某公园踩点时遇一大片杜鹃花，当即兴奋留影。将人安排在暗背景花树前，利用面前的花朵营造了虚化浪漫的前景，为人物增光添色。

基本技法：

（1）取景时尽量靠近树叶、花等前景，让前景完全虚化，这样就可以减少前景杂乱所带来的烦恼。

（2）取景时密切注意取景框，防止树叶、枝条等物体挡住人物的某个部位或者与人物的某些部分重合，适当移动机位。

（3）让背景也虚化，需要尽可能地使用大光圈、长焦，让模特与背景之间拉开一定的距离。

任务 32：环境人像（前景、背景均清晰的人像）

如果前景有秩序并且好看，呈现一定的流线感或者由颜色组成美丽的图案，背景也不杂乱，是拍摄者需要交代的背景，此时就需要拍摄者与前景保持一定的距离，使用小光圈拍摄。

相机：佳能 **5D Mark III**，光圈：**F8**，快门：**1/500** 秒，**ISO：100**，焦距：**30mm**，曝光补偿：**+0.3**，拍摄模式：**A**，
白平衡：自动，测光模式：评价测光

拍摄思路：

（1）海边的早晨天气晴朗，海蓝天蓝，住宿客栈阳台别具小资情调，矮下身体仔细观察发现光滑的地板砖的某一个角度正好可以像天空之镜一样反射出蓝天白云。利用这一点，让人在地板砖前的木地板上舞蹈，天空和人的倒影、亭子等都成了漂亮的前景，整幅图优美如画。

（2）为了增强画面感，使画面活跃，为人物设计了舞蹈动作并进行了连拍模式的抓拍。拍摄人像可以在各种环境情况下让主体进行行走、奔跑、跳跃以及让肢体动起来的各种动作，不要让人物僵硬地站在那里，肢体与身体形成一定角度，拍出来的画面才比较有意思，不会太死板。

基本技法：

（1）善于发现不一样的前景，哪怕一片小水洼都可能被拍成一大片水，可以拍出美丽的倒影。

（2）降低身体及相机高度，几乎要趴在地上，构图：仰拍，九宫格右1/3焦点以及对称构图。

（3）小光圈F8保证人物和前景、背景的清晰。拍摄时是早晨，虽是顺光但光线并不是很强，所以根据拍摄情况加了0.3级曝光，对人物脸部测光、对焦然后构图抓拍即可。

TIPS

恰当利用前景和背景是拍摄环境人像的关键，前景的利用可以帮助作者表达想要表达的情境，前景、背景的和谐结合才是一张完美的图片。

任务 33：散射光人像

光线经过很多物体无数次反射形成的光叫做散射光，阴天最常见，因此多用于阴天室外拍摄。散射光光线平均、柔和，人物、前景、背景之间均无较大反差，拍摄起来难度不大，测光以人物皮肤进行评价测光，适当加减即可。很多摄影师，尤其是婚纱摄影师比较喜欢散射光拍摄，大多数时候专心构图，注意拍摄细节即可。

相机：佳能 5D Mark III，光圈：F5.6，快门：1/40 秒，曝光补偿：+0.3，ISO：100，焦距：90mm，拍摄模式：A，白平衡：自动，
测光模式：评价测光

拍摄思路：

模特粥姑娘的造型有点温柔的侠气，当时阴天，散射光光线没有让人惊喜的利用价值。但是当姑娘坐到亭子的栏杆的时候，我发现她侧面低头的瞬间很美，而且侧前方打在她脸上的光线比面对我们的这一面要亮一些，于是我抓住这瞬间的机会拍下了这张干净、唯美的片子。

基本技法：

（1）当时的镜头是佳能70~200，F4镜头，没有大光圈，所以就用F4的光圈、200mm端的长焦尽量摒弃周围杂乱环境的干扰，取最干净的部分，虚化背景，只突出主体。

（2）抓拍人物微微低头瞬间最美的一刻。

（3）构图为侧面、半身人像，突出表情和氛围。

任务 34：窗户光人像

拍摄条件：

（1）房间光线好，有落地窗，最好有白色或浅色纱帘，可以制造美好的柔光效果。

（2）多选用侧光、侧逆光或者逆光拍摄，侧逆光及逆光时可以用反光板给人脸暗部补光，也可以让模特身着白色或者浅色服装，起到自然补光作用。ISO根据现场环境灵活设置。

此种人像方式多用于给美女拍摄私房、写真，或者婚礼时一些特殊场合的拍摄。

拍摄思路：

右图是一张侧光接近侧逆光的人像，借用窗户光及光线在室内形成的光影为模特脸部及身体塑形，身边普通的朋友因为光的塑造变得非常有气质。

模特所坐方位及人脸侧向的方位都要根据光的情况及想要得到的效果仔细调整。前期做得好，后期不用怎样调整。

基本技法：

（1）发现光的方位并将人物安排在受光方位，采取稍微侧一点的机位表现光影的塑造及对比效果。

（2）多角度观察，发现了人物比较好看的侧面角度。

（3）注意让光线照进眼睛，形成好看的眼神光。

相机：佳能 **5D Mark III**，光圈：**F2.8**，快门：**1/125 秒**，ISO：**50**，焦距：**50mm**，曝光补偿：**-0.7**，拍摄模式：**A**，白平衡：自动，测光模式：评价测光

任务 35：夜景人像

夜景人像的特点是光线比较暗，正常拍摄曝光时间会相对比较长，人物在长时间曝光的情况下稍微一动甚至呼吸都会使画面模糊。为了人物清晰，常常采用闪光灯补光或者将人物安排在有光的地方运用大光圈、高ISO进行拍摄。

相机：尼康 **D200**，光圈：**F1.8**，快门：**1/60 秒**，**ISO：200**，焦距：**50mm**，曝光补偿：**-2**，
拍摄模式：**M**，白平衡：自动，测光模式：评价测光

拍摄思路：

模特和商场门前的夜色非常配，我选择主要突出模特虚化背景的方式拍摄。当时只有机顶闪光灯补光，离模特太远了，灯闪不到姑娘脸上和身上，所以我选择了这个机位，减少了曝光。缺点是构图时把姑娘的脚截掉了，图片不够完整，也是此图较为遗憾的地方。

基本技法：

（1）将人物放在商场门口的光里，运用闪光灯补光。

（2）用大光圈虚化了背景，采用了全身构图方法，缺点是裁掉了人物的脚。

5

善用摄影眼及摄影手法——
风光摄影实景训练

风光摄影是以大自然为拍摄题材，通过记录大自然与天地间的壮美来表达作者的感受及情怀。

所谓风光摄影就是将大自然中的日、月、星、光、风、火、雷、电、雨、雾、雪、霜等自然现象与大地上的山、石、花、草、树木通过摄影手法有机结合，满足作者及观者心灵和视觉上的美感追求。风光摄影在我们的生活及旅行中处处可见，发现美的风景并随时记录与分享是一件悦己悦人的事。

一、风光摄影必备的心理和意志条件

想要拍摄出与众不同的风光照片，必须要做好早出晚归、吃苦耐劳的心理准备，否则，就只能坐看自己的平淡照片。

（1）早晨日出前就要在目的地守候，日出前就可以开始拍摄。下午必须在日落前赶到地方，日落后约一小时才能结束拍摄。

（2）星轨和月亮也是很好的拍摄题材，星轨漂亮的地方都远离城市远离人群居住的地方，或在山上或在高原，温度低，路途多艰险。

（3）高山、大河、大海是常见拍摄题材，但拍摄时能去高处绝不在低处或平视角度去拍，这就需要翻山越岭，要有好的体力和耐力。

（4）遇到一些特殊题材，需要趴在地上，钻入草丛、渡河涉水，风餐露宿，由此拍到的照片绝不是到此一游的游客能随便拍到的。

总之，吃得苦中苦，才能得好片。

二、善于利用天时、地利、人和

天时就是拍摄时机，广义的天时是指拍摄季节，春夏秋冬。比如婺源春季、云南罗田二月的油菜花；红土地10月的土地与遍地白色油菜花的结合；5月底、6月初新疆伊犁地区大片草原、野花与山；秋天的额济纳、新疆胡杨、冬天新疆北疆的天鹅、东北雪乡的雪景；9月中下旬的坝上的秋景等，这些都必须要在恰当的季节，恰当的那几天去才能拍到有特色的风光片，否则，在不恰当的时间去到那里，风景就会截然不同。

　　狭义的天时是指一天里的早晨、黄昏、甚至晚上。很多人看到阳光透过树林洒下来清透似纱如梦似幻的美丽图片时就在惊叹怎么能拍这么美，却不知这些图片往往是在有阳光的早晨或者特殊天气时候才会出现的现象，也不是有些摄影人放些烟饼就能达到的效果。而这种光，一定是摄影者遇见了，感觉到了，眯起眼睛找到正确的角度找方向才能拍到。

　　日出日落不光是日出日落本身及其所渲染的景物色彩的美，还有强烈反差的光线所造成的塑形美，这时候就要善于去发现，比如景物漂亮的剪影和落日之间的美妙关系；比如利用长焦，寻找合适的位置，将落日和人压缩在一个平面里，构成一些有趣的画面，如下图所示。

图：戈壁日落　作者：阿铭

相机：佳能 5D Mark III，光圈：F4，快门：1/200 秒，ISO：100，焦距：50mm，拍摄模式：M，白平衡：自动，测光模式：评价测光

　　地利是指大自然千变万化的地理、地貌等天然景观。比如云南石林、西藏土林、东北的雾凇等。

三、风光摄影必备设备

设备方面：

（1）根据所要拍摄的需要，长焦、广角、中焦镜头都可以。

（2）日出、日落前后光线不足、慢门摄影、高画质要求低ISO等必须要有三脚架来保证图片清晰。

（3）镜头滤镜。滤镜的效果有很多种，有普通滤镜，也有带颜色的色片滤镜，但比较常用的就是能够使拍出的蓝天更蓝，层次感更强的普通滤镜以及偏振镜，建议镜头必备。滤镜品牌有B+W、KENKO等。

（4）渐变灰镜，也叫GND镜。日出日落时天空和地面的光比反差、雪山和地面静物的光比反差相对都比较大，此时需要渐变灰镜压暗天空或雪山，减小反差，以防亮部过曝，或者保证了亮部，地面又死黑一片，同时也省去了使用包围曝光后期合成的麻烦，可以一次成片。

（5）减光镜，也叫ND镜。遇到河流、流水、大海、风吹流云或者一些需要在白天用慢门拍摄的题材时，减光镜必不可少。减光镜根据减光情况都有度数可分，可以根据情况酌情购买。需要在光线较足的情况下把流水拍成雾状、把水面拍成丝绸状，则需要长时间曝光，此时建议购买ND1000减光镜。

（6）有些时候，需要减光镜和渐变灰镜共同使用。

（7）背包防雨罩、镜头防水设备，镜头防水可以用塑料袋自制。

四、训练风光摄影必备的摄影眼

风光摄影的中心是将风、光、云、雾、雪、雨等自然现象与大地上的各种景观有机结合，它们可以是一幅风光摄影的主角，也可以是修饰主体的绝佳拍档，这就需要风光摄影人练就一双摄影眼，发现它们，注重细节，并将它们变成拍摄语言。

任务 36：发现风

有风的日子一般人不会去拍摄，但在路上的时候，若遇到这种情况，就需要留心去观察，比如风吹稻田时稻子整体伏倒到一个方向，利用高速快门则可以凝固风过的那一瞬间，使大片麦田具有动感。

同时可以利用风拍摄动静结合的照片。风吹树木花草时可以出现虚实结合的虚影，成为动态部分，这时就可以把风动的这一部分当做前景或者背景，使画面具有一定的画意和诗意。

风吹云走的时候，则是将云拍成流云的最佳时刻，建议使用减光镜延长快门，把云拍成丝状，以此来映衬画面主题。

相机：佳能 5D Mark III，光圈：F5.6，快门：1/50 秒，ISO：100，焦距：200mm，拍摄模式：A，白平衡：自动，测光模式：评价测光

拍摄思路：

黄昏，坡上的小草随风轻舞，映衬在草尖上的光也似乎在跳舞。一幅漂亮的动静结合图自然呈现在眼前。用长焦200mm端选择一朵小花作为不动的主体和前景，花后面镶金边随风摇动小草便逐层虚化，加上风摇动它们的自然虚化，一幅天然美景图自然定格。此图以立意取胜，动静结合、虚实结合构图以及漂亮的光影均是亮点。

基本技法：

（1）基本参数如图。

（2）需要有眼光发现不动的具有特色的对比物。

（3）构图采用平行三分法，实1/3，虚2/3。

图：长袖善舞述相思 作者：寒藤 拍摄地：新疆

相机：哈苏 **H5D-50C**，光圈：**F32**，快门：**323** 秒，ISO：**100**，焦距：**24mm**，拍摄模式：**A**，白平衡：自动，测光模式：评价测光

拍摄思路：

新疆的胡杨是摄影人争相拍摄的一个主题。但作者利用长时间曝光将被风吹动的云拍成柔美的拉丝，与树沉默但充满述说感的肢体形成一明一暗，一柔一硬的对比，画面让人过目难忘。

基本技法：

（1）基本参数如上图。

（2）这张图与众不同的地方就在于发现树木姿态和小光圈F32、超过5分钟的极慢的慢门速度所营造的云如流水的艺术效果。

（3）构图是典型的九宫格右1/3构图。

相机：佳能 **5D Mark II**，光圈：**F2.8**，快门：**1/4000 秒**，**ISO：400**，焦距：**30mm**，曝光补偿：**+0.3**，拍摄模式：**A**，
白平衡：自动，测光模式：评价测光

拍摄思路：

摸黑早起去外伶仃岛拍日出，却在山顶遇见大雾和风。在天色渐明雾气逐渐被吹散时望见半山顶的这棵树，其被风吹动的姿态仿佛一个长袖飘飘的女子在遥望在述说。下到树的下方以仰拍的姿势找到树的上方和旁边没有外物干扰的角度，将树和树枝安排在竖2/3构图的地方，前面留出一定的表达空间，以雾气蒙蒙为背景，拍下这棵写意的树。

基本技法：

（1）基本参数如上图。

（2）此时有大雾，光线不足，按常规拍摄极易曝光不足，尤其前景的树也比较暗淡，于是用大光圈并且增加了0.3级的曝光，使雾不至于过曝，树也不至于太暗。

（3）心里有了怎样的感觉就要尽量利用构图等多种摄影技巧达到心中所想。这张图构图有一定的感觉，利用雾遮掉背景的杂乱并能够发现画面借雾抒情，才是关键。

任务 37：利用雨拍好彩虹

雨前、雨中、雨后都是拍摄的好时机。很多人认为下雨就拍不了片子了，实际上，在非暴雨、雷电等特别恶劣的天气时，在保证人身安全的情况下，拍摄雨中景物是别有情调的，雨前拍雨云，拍乌云压顶，小景、大景都可能抓拍到雨雾蒙蒙的情景。雨中以雨做前景或者衬托，拍景物、拍城市、拍街道都是能出彩的片子，雨后注意抓拍雨后清新的小景或者雨后彩虹。

相机：佳能 5D Mark III，光圈：F8，快门：1/160 秒，ISO：100，焦距：70mm，曝光补偿：-0.3，拍摄模式：A，
白平衡：自动，测光模式：评价测光

拍摄思路：

6月，下午4点多，新疆伊犁恰西山顶淋漓小雨忽变大雨。躲进车里只一会，雨势渐小，隐隐约约的彩虹忽然出现在山沟上方，虹拱下羊儿悠闲，马立在拱桥头上一动不动，从乌云下露出的光线把羊和马身上照得非常明亮，随即拍了张完整彩虹，羊儿从虹拱下穿过的图。但彩虹颜色较淡，而且我们在高处，彩虹较低，整张图并不出彩。回头看见马仍立在那，和彩虹形成一撇一捺的造型，马儿像是刚从彩虹下走出来，随即构思拍摄。

基本技法：

（1）主要参数如上图。

（2）拍摄彩虹最好能有暗背景，而且背景要清晰干净，或者天色较暗或者云层较暗，否则彩虹的缤纷色彩就比较难表现。彩虹来得快去得快，一旦看见要迅速反应，F5.6以上小光圈，用长焦端对着虹圈测光，根据需要情况适当加减曝光，然后对焦拍摄即可，最好用三脚架支撑相机。

（3）当太阳高度较低时，比如早上或者黄昏，彩虹的虹圈比较大，要拍全它，需要镜头广一点，或者距离远一点，这一点要根据当时所在位置的情况判断。若拍局部，最好拍摄彩虹与地面连接或者与某些有趣物体连接的部分，要有相当的趣味点。

任务 38：借雾抒情

雾会给画面带来神秘的色彩，同时可以达到简化画面的效果，尤其是和线条独特的树林、古典建筑、在特殊气温条件下才可能出现雾的特殊山水搭配的时候画面的意境会非常漂亮。

图：雾中竹影 作者：寒藤 拍摄地：黄山

相机：佳能 **1DX**，光圈：**F13**，快门：**0.6 秒**，**ISO：100**，焦距：**70mm**，曝光补偿：**+2/3**，拍摄模式：**A**，
白平衡：自动，测光模式：评价测光

拍摄思路：

上图是一张难得的雾中即景，诗意浓厚的小景片。当时黄山下雨，一路开车沿路下来时，看见这片竹林在雨雾中若隐若现。有雨有雾有亭亭秀竹，这一直是作者想要的感觉。但是当时雾比较浓厚，想要营造出雨雾霏霏的意境就必须要等，作者打着伞一直等到变化多端的雾开始变薄即将散开竹子婀娜的姿态也清晰显示的瞬间，按下了快门。

基本技法：

（1）主要参数如上图。

（2）拍雾因为大面积白色，用相机测光系统正常拍摄的照片很容易欠曝，所以拍摄时适当增加了2/3挡曝光，保证雾白而不亮。

（3）增加曝光时要注意控制好曝光量，保证高光区域曝光不溢出，不过亮，否则雾气就变成惨白一片。目前的单反相机基本都有高光保护或高光优先等功能，开启此项功能，对于控制画面中的高光物体过曝有更好的效果。

（4）构图注意了竹子间的呼应与疏密关系，处理比较恰当。

图：雾锁元阳 作者：寒藤 拍摄地：云南元阳

相机：hasselblad h4D-50，光圈：F22，快门：1/30秒，ISO：100，焦距：90mm，拍摄模式：A，白平衡：自动，测光模式：评价测光

拍摄思路：

拍摄雾景时，雾有形状是最好的，雾没形就要选择时机。如上图雾呈半透明状态或者薄雾萦绕物体间的时候。拍摄此张照片时太阳已经出来，但阳光被乌云遮住时有时无，此时正是构成如诗如画画面的好时机，利用中焦镜头压缩空间，只要这局部画面即可。

基本技法：

（1）基本参数如上图。

（2）拍摄有雾的风景的时候，要尽量选择较高的拍摄位置。遇到了漂亮的雾，还需要练就良好的构图感，注意雾和主体的和谐配合，本图采用对角线构图，雾与覆盖着薄雪的梯田相互呼应。

任务 39：拍好霜与雾凇

昼夜温差较大的夜晚和清晨就会结霜，有霜的日子是拍摄局部小景的最佳时刻。这时候，我们可以通过凝结在物体表面的霜来表现质感、表现物体在这一季节才有的美，比如结霜的草木、结霜的柿子等。当然如果霜降面积较大，利用霜来表现山峦草木被霜染的感觉也是很棒的。

图：清晨的雾凇 作者：寒藤 拍摄地：东北

相机：佳能 5D Mark II，光圈：F9，快门：1/320 秒，ISO：200，焦距：25mm，拍摄模式：A，白平衡：自动，测光模式：评价测光

拍摄思路：

早晨8点，雾凇营造出童话一般的雪白世界，刚刚升起的太阳光照射着雾凇下的小屋，与白色雾凇蓝色天空形成明显的冷暖对比并成为温暖的着眼点。左边画面略空，等待一个人出现并走到九宫格右下合适位置，画面得以平衡。

基本技法：

（1）基本参数如上图。

（2）树下的人起到了平衡左边画面的作用，避免画面轻重失衡。

（3）雾凇出现的时间比较特殊，要把握好恰当的季节节点，抓住难得的拍摄机会。

相机：佳能 5D Mark II 光圈：F4，快门：1/200 秒，ISO：100 焦距180mm 拍摄模式：A 白平衡：自动 测光模式：评价测光

拍摄思路：

滇北藏区丙中洛的早晨，接近零度，霜气凝结。迎面的山峰被浓而白的雾气笼罩，山脚下的小木屋与山峰都是青灰色，怎么拍都无法展现霜气凝结的感觉。裤脚和鞋子已经被脚下的草打湿，低头发现一大丛挂满霜的狗尾巴草，霜要化不化晶莹的样子给狗尾巴草穿上漂亮的外衣，也使它纤毫毕现。虽是小景，却是当天较为满意的一张作品。

基本技法：

（1）基本参数如上图。

（2）当时的镜头只有F4光圈的长焦70-200，选择姿态较好的几株草着重表现，其他用长焦拍虚，构图上虚实相映。

任务 40：拍出雪的意境与质感

拍摄雪景是摄影人常见的场景，但有雪的地方天地一片苍茫，寻找拍摄点就变得尤其重要。这时候，需要摄影人能够有发现的眼睛，看到一片苍茫中的拍摄点、比如独特的线条、独特的意境等。找到这些，一幅画面干净、简洁、意境悠远的图片就出现了。同时，雪景，也是将摄影做到极简，将摄影做减法拍摄的最好尝试。

图：冬天的音符　作者：寒藤　拍摄地：加拿大阿萨斯卡冰川

相机：佳能 5DSR，光圈：F14，快门：1/250 秒，ISO：100，焦距：200mm，曝光补偿：-1，拍摄模式：A，
白平衡：自动，测光模式：评价测光

拍摄思路：

有序和韵律是拍摄与构图时容易被忽略，但又能使画面非常具有趣味性和画面感的元素。这张图恰恰发现了这一点，将白雪皑皑用一幅会说话的小景表现了出来。小树的点缀很灵动。

基本技法：

（1）基本参数如上图。

（2）拍雪最怕的是过曝，画面整体惨白没有质感缺乏细节，或者曝光不足画面发灰。对于拍雪的曝光量人们常说"白加黑减"，但对于这样大片白雪，且因为早上白平衡发蓝的场景还是要灵活运用。

图：悄吟　作者：寒藤

相机：佳能 **5DSR**，光圈：**F16**，快门：**1/8 秒**，焦距：**29mm**，ISO：**50**，曝光补偿：**-2**，拍摄模式：**A**，测光：评价测光，白平衡：自动

拍摄思路：

上面这张图主要体现的是湖面雪景和拂晓日照金山时分的宁静。作者以湖面的曲线以及诗一般舒缓铺陈的薄薄积雪和湖水相互映衬为主体，用日照金山及金山在水中的倒影为对比反衬主体的静与冷，使画面更加丰富、诗意，加上静谧的微蓝，静美的感觉油然而生。

基本技法：

（1）基本参数如上图。

（2）构图采用典型的三分法构图，主体、陪体的位置安排得恰到好处，呼应感很强。

TIPS

拍摄雪景注意事项:

(1) 拍摄雪景的地方温度都相对较低,人与相机都要注意保暖。

(2) 非原装电池低温情况下不能用。

(3) 从寒冷的外面进入室内较温暖的地方,尽量将相机装在相机包里,慢慢适应温度。

(4) 从室内到室外取出相机要注意相机镜头可能起雾或者哈气。

任务 41: 善于运用云的形态和色彩

云是风光摄影中最常见的元素,很多时候都是画面的陪体,为画面增色。云的形状和形态,云的线条感、云的色彩等都是很好的素材,切忌随意忽略。小而碎、多而乱的云彩尽量避免。

日出、日落前后、暴雨或大风等恶劣天气前后,都会有漂亮的云或彩霞出现,不要轻易放过。

相机: 尼康 **D200**,光圈: **F8**,快门: **1/500** 秒,**ISO**: **100**,焦距: **55mm**,曝光补偿: **-1**,拍摄模式: **M**,
白平衡: 自动,测光模式: 评价测光

拍摄思路：

时值十月，西藏阿里圣湖玛旁雍措日出。从晨光微熹到太阳出来的时间非常短暂，但是太阳即将出来时湖上空集聚的云忽然争先恐后朝太阳奔去，其中两朵云特别像互相嬉戏的孩子，以云为主体以太阳和湖为背景，上图这张可爱的图片就出现了。

基本技法：

（1）基本参数如上图。

（2）拍摄日出前后的图片时，太阳和地面以及和周边物体之间的反差非常大，测光时要以太阳周边相对不太亮的云为测光点，若以太阳为测光点并对焦，拍出来的在照片就会过曝严重。

相机：佳能 5D Mark III，光圈：F8，快门：1/160 秒，ISO：400，焦距：70mm，曝光补偿：-0.7，拍摄模式：A，
白平衡：自动，测光模式：评价测光

拍摄思路：

这一天相对比较沮丧，在巴音布鲁克草原高处的狂风中等了三个多小时，发现6月草原九曲的日落并不像秋天时在九曲尽头，而是偏西方向。沮丧之余还是重新找到拍摄点拍完后顶着寒冷下山。下到半山腰时见到明月，明月的另一边，一朵凤凰一般的彩色祥云飘在九曲上方，形态飘逸优美，随即寻找高处以九曲为前景拍下了这美丽一刻。

基本技法：

（1）基本参数如上图。

（2）太阳已经落下去后，天空与地面的反差不是很大，不用使用渐变镜，但依然要注意不要把地面拍成死黑一片，发现这种情况必须调整曝光。

（3）一张好的风光照片一定要有好的前景衬托好的主体。这张片子的主体和本意是拍九曲上方的祥云，但是如果离开发光弯曲的九曲，或者九曲选取的位置不好，不能如上图将九曲的头与凤凰彩云的尾巴相呼应，取多或者取少取偏了，都会让人感觉不和谐。两者相互依存，就有一种互为主体相互依存的美感。

任务 42: 捕光捉影

光是大自然最奇特的馈赠，摄影就是光的艺术。海上、平原、高山、高原早晚的日出日落是必须抓住的最佳拍摄时光，有云有光影移动的光线和阴影、光亮出现对比的地方一定不要放过。一旦看到这种光影，一定要迅速捕捉，否则，稍纵即逝。

相机：佳能 5D Mark III，光圈：F22，快门：1/40 秒，ISO：400，焦距：40mm，曝光补偿：+0.7，拍摄模式：A，
白平衡：自动，测光模式：评价测光

拍摄思路：

路过香港东平洲岛上这栋老房子时总觉得应该拍点啥，但是房屋破烂凌乱，周边环境与天气都缺乏特色。想放弃但又不甘心，徘徊间眯眼看到从屋顶浓密的树荫间洒落下来的阳光，提高ISO，将光圈缩小到F22，变换所站角度，让在镜头中变成星芒的太阳光线从屋顶笼罩下来，上图便有了不同的韵味。

基本技法：

（1）发现光线后要眯着眼睛前后左右高矮变换拍摄角度，直到能够在镜头中看到星芒般洒下来的光线为止。

（2）找到位置后尽量将光圈缩小，这张片子我缩到了F22，太阳光才会变成星芒。但同时要注意快门速度，速度过慢应使用三脚架，否则光圈太小可能会导致快门速度过慢而使图片模糊。

（3）太阳基本在右1/3焦点构图位置。

相机：佳能 5D Mark III，光圈：F5.6，快门：1/500 秒，ISO：200，焦距：40mm，曝光补偿：-0.3，拍摄模式：A，
白平衡：自动，测光模式：点测光

拍摄思路：

（1）风光不仅仅指大风景，一些耐人寻味的小景也要善于捕捉。

（2）上午住宿地的院落雅致安静，阳光斜射在面前的花树上，并在墙上投射出斑驳的影子，微风中仿佛在与树、与花、与人对语，暗暗的，心中便有音符流动。一张片子，有时候就是一种感觉，一种缘分。

基本技法：

（1）基本参数如上图。

（2）影子与树、影子与墙下的花，树与影的疏密对应较好地体现了构图的呼应关系。

图：元阳云海 作者：寒藤 拍摄地：云南

相机：佳能 EOS-1DX，光圈：F13，快门：1/100 秒，ISO：100，焦距：40mm，拍摄模式：A，
白平衡：自动，测光模式：点测光

拍摄思路：

元阳梯田日出时的光影照在梯田上，与雾相衬是非常美的景象，但如果日出时云比较少，
将会与地面形成强烈反差。作者耐心等待了几个清晨后，终于等来了漂亮的云，并抓住了阳光
从云层投射的瞬间光束，将其与云、梯田、雾完美结合。

基本技法：

（1）基本参数如上图。

（2）本图拍摄角度值得学习，光线斜侧下来与雾、梯田反射的光互相依赖、相互衬托。

（3）构图注意了冷暖、明暗对比以及画面元素的平衡，云雾起到了平衡左面画面的作用。

任务43：日出、日落

无论是山顶日出、海边日出还是平原日出，把握好日出时间和日出方向，选好拍摄点，合理安排景物是拍好这类片子的关键。很多初学者遇见好的日出日落就激动，此时要保持头脑清醒，动作迅速。

拍摄日出日落的前提条件：

（1）天气要好，最好是台风、大风、大雨或者较为激烈的天象之后，日出日落都会不同于以往，可能会遇上火烧云，特别漂亮的朝霞。

（2）拍摄日出日落时最好能有漂亮的云彩做陪衬，如果没有，就要考虑寻找合适的前景来衬托。没有好的前景，可以恰当利用剪影。日出日落时是拍摄剪影最好的时候，把人或者独特的景物创意剪影当做前景，可以创造出独具韵味的图片。

（3）日出前的云和天色、日落后半小时内反射在天空、云或物体上的色彩都非常美，千万不要错失良机。日出需要早早地在日出前就到达目的地守候，日落后不要急着收工，会有意想不到的收获。

（4）灵活使用白平衡，多用包围曝光以便后期合成更理想的图片。

方法：

（1）使用M挡曝光不熟练的话，立刻采用光圈优先，一般选用F5.6~F22。快门速度以测光测出的数值为基础配合曝光补偿略微调整。

（2）日出日落时天空和地面的反差非常大，可以尝试使用滤镜（如渐变灰镜压暗天空，减小反差），也省去了使用包围曝光后期合成的麻烦，可以一次成片。若要使用包围曝光，需要在相机菜单中调出包围曝光，设定曝光补偿-2/0/2（减两挡曝光一张，正常曝光一张、加两挡曝光一张），设定好之后对焦、连按三次快门，完成三张照片的拍摄。或者将相机设置成连拍模式，按一次快门就会连拍三张不同曝光量的照片。后期利用PS软件三张合成即可成为一张天空和地面曝光正常的照片。

（3）天空没有云彩时，以红日刚刚露出时为最佳时间，测光以红日周围中间亮度的天空所测出的曝光值为依据略微加减。天空有云彩时，光线变化快，一般可以以画面中央中级亮度的云彩（中级灰）测光和曝光依据。

（4）早晚的光线低、斜、透，颜色丰富，要迅速把握好时机，把光线和景物完美结合。

相机：佳能 5D Mark II，光圈：**F22**，快门：**20 秒**，ISO：**100**，焦距：**19mm**，拍摄模式：**M**，白平衡：手动，测光模式：评价测光

拍摄思路：

香港东平州的页岩排列非常有特色。清晨，页岩和大海都呈现出冷色调，因此，能在日出时加上金色暖阳的暖色调，片子就完美了。早晨早早来到岸边高地利用渐变灰镜压暗没有云彩的明亮天空，在太阳跃出的瞬间拍到此张照片。

基本技法：

（1）基本参数如上图。

（2）利用慢门将水面拍得非常平静。

（3）使用渐变灰镜时要注意不要将暗色部分压住岩石，因为岩石本来就发青发黑，再压，岩石的颜色就会很重，画面色调失调。

相机：佳能 5D Mark III，光圈：F13，快门：1/640 秒，ISO：200，焦距：43mm，拍摄模式：M，白平衡：自动，测光模式：评价测光

拍摄思路：

日落虽然不在河流九曲的尽头，但光线照亮河流时明与暗的对比依然是一幅较美的图画。镜头太广会显得画面松散没有重点，利用中焦适当压缩画面，等太阳即将落下、光线照亮河流时将太阳放在右1/3九宫格上焦点处构图按下快门，成就一幅河流与太阳相得益彰的美图。

基本技法：

（1）基本参数如上图。构图采用三分法及对角线构图。

（2）善于发现与等待，等太阳到了染红并照亮河面时再按快门，太早达不到渲染河面的效果。

任务 44：遇水快慢两相宜

在日常拍摄中，经常会遇见河流、海洋、瀑布等题材，只要一遇见水，应立刻反应出三种思路：

（1）水流若曲线强烈，一定要找到高处，拍摄水流和自然景物结合的曲线美。

相机：**NIKON D200**，光圈：**F8**，快门：**1/640 秒**，ISO：**100**，焦距：**18mm**，拍摄模式：**M**，白平衡：自动，测光模式：评价测光

（2）能近距离接触，落差大能产生激流或浪花的时候，用高速快门凝结水刹那间的动感。

（3）选择有落差、有急弯、石头与水流间有激烈冲突的地方，或者表现有意境的海平面，用慢门。慢门拍水，尤其是弱光下慢门拍海是风光摄影中较难拍摄的一个主题，下面我们将专题讲慢门拍水。

慢门拍摄运动的流水或海浪，主要是为了营造画面的雾气、平静、柔美的效果，体现的是快门无法达到的意境。拍摄时要注意以下几点：

（1）如果水面较大，尽可能用广角取景，营造冲击力。

（2）尽量用小光圈，比如F8~F22，低感光度，如ISO100。

（3）不同的慢门速度将会出现不同的水面效果，比如，慢门为1/15~2秒，水面会出现拉丝效果，慢门为10~30秒，水面会呈现雾状或者如镜子般平静。

（4）一般慢门，水面会出现丝绸效果。

（5）如果光线太强，不能压慢快门，就使用渐变灰镜或减光镜，也称ND镜，减光镜分为两种，一种是圆形，直接拧装在镜头上。另一种是方片，配置有方形插槽，一边装在镜头上，一边插放方形减光镜。渐变灰镜多为方片，半截深色半截浅色，用减光镜或渐变灰镜必须将镜头上的保护滤镜取下来。

普通慢门拍水：

相机：佳能 **5D Mark III**，光圈：**F8**，快门：**1/6 秒**，ISO：**100**，焦距：**24mm**，曝光补偿：**+0.3**，拍摄模式：**A**，白平衡：自动，
测光模式：评价测光

拍摄思路：

雨天，从天山上流下来的雪水汇合河流汩汩而下，找到河面有一点落差，河流能带出远方雪山和山雨欲来的乌云的角度把脚架放低，用两片渐变灰镜压暗水面，用普通慢门将急急流淌的水拍成了动中有静的绸缎，画面动感强烈。

基本技法：

（1）基本参数如上图，小光圈，低感光度。

（2）广角、低角度营造水面的开阔感，三分法构图使画面平稳。

慢门水与景物的结合：

拍摄慢门流水时，要留心选择色彩有对比，能构成较好构图的点去拍摄。春夏的绿草、花卉、彩色的石头与流水的静可以形成对比，秋天的黄叶、红叶与慢门流水的宁静也是很好的对比。一定要防止色彩暗淡、没有趣味点、杂乱无章三大误区。

相机：佳能 5D Mark III，光圈：F22，快门：20 秒，ISO：100，焦距：37mm，拍摄模式：A，白平衡：自动，测光模式：评价测光

拍摄思路：

看到水就想拍慢门，于是沿着山谷寻找能够形成一定落差并且具有一定形态的石头，同时观察河流对岸能形成暖色调的树木，心有所想自然就能找到。

基本技法：

（1）基本参数如上图。小光圈，极慢的慢门，低感光度，脚架保持相机稳定。

（2）构图上选择色调对比是这幅图与众不同的重点。

海边慢门雾状海水：

海边慢门拍摄通常要结合石头、建筑、远山、桥、云等物体一起来表现主题。

相机：佳能 5D Mark III，光圈：F16，快门：30 秒，ISO：50，焦距：17mm，拍摄模式：A，
白平衡：自动，测光模式：评价测光

拍摄思路：

（1）拍海边慢门，大多选择在日出前后，天色刚刚放亮的时候。这时天空和地面的亮度反差不是很大，用一片渐变镜就可以解决太阳所在位置的天空光线过亮的问题。如果天上有很好的云，太阳出来后还可以拍一会，因为云会遮挡住强烈的光线，而且会反射红色、玫瑰色或黄色的太阳光。一旦太阳升高，反差就很难控制。

（2）要选择好漂亮的表现主题或者前景。上面这张片子是走遍海南的海边经过精心挑选后发现的鹅卵石较多也较为圆润的地方，它是我要表现的主题，但通过慢门拍摄出来如雾般的海水为片子增加了宁静与神秘感。这天的云虽然不太好，但经过等待出现的一朵仿佛飞鸟似的云朵为片子增加了活力，天边的暖色调也与片子的整体色调搭配和谐。

（3）在鹅卵石的选择上我注意到了石头的形状和排列以及透气性，石头不能太满太堵，选中的这片石头虽然不是特别满意，但基本达到了要求。

基本技法：

（1）基本参数如上图。

（2）选用30秒慢门的时候如果对焦提示一直在闪烁，说明光线太暗对不上焦，此时就要调整光圈或者ISO，直到能够对焦。

（3）使用渐变灰镜用深色部分遮挡天空时要注意遮挡比例，尽量不要遮挡地面。

（4）海平面往往比较低，拍摄的时候尽量采用低角度，但是要注意防止海浪扑过来溅湿镜头和相机。海水盐分大，对相机的腐蚀力度非常大。

海边慢门拉丝效果：

相机：佳能 5D Mark III，光圈：F22，快门：1/2 秒，ISO：200，焦距：19mm，拍摄模式：A，白平衡：自动，测光模式：评价测光

拍摄思路：

要拍出海水的拉丝效果，快门速度一般为1/15~1/2秒，5秒以上水就会变成雾状。但实际场景、光线等条件不同时，这些参数都将形同虚设，需要根据现场情况尝试、调整。而且海水流动性不大或者缺乏落差也比较难拍，所以首先寻找海水拍上来后可能形成拉丝的这块龟背般的石头，然后确定前景，等待海浪拍上来的瞬间在1/2~2秒多次尝试，最终在1/2秒时拍出了拉丝效果。

基本技法：

（1）基本参数如上图。

（2）具体多少秒能拍出拉丝效果，需要根据当时现场的光线和环境情况确定，选好前景、主题、拍摄位置后多次尝试。

（3）如果没有这块龟背石让海水能扑上来再退回去时的流动，拉丝效果也较难出现，所以还是要善于观察。

（4）时刻记得寻找好的前景衬托主题。

任务 45：瀑布如幻又如梦

瀑布是慢门拍水的一个延续，要想拍一张意味隽永如梦如幻的瀑布图，一定要用慢门、低角度拍摄，广角能显示瀑布的宽广，中、长焦能显示慢门瀑布的美感。但具体采用的慢门速度、对哪里测光合适、用哪种焦段拍摄还是要根据现场情况来决定。

相机：佳能 5D Mark III，光圈：F22，快门：0.8 秒，ISO：50，焦距：32mm，拍摄模式：A，白平衡：自动，测光模式：评价测光

任务 46：草原、雪山与花海

春暖花开的时候去草原拍摄是很多摄影人的挚爱，可是茫茫大草原中要拍到自己喜欢的作品也不容易，如何取景，将哪些元素纳入图片形成构图相当考验功夫，除了上述风光摄影中可能遇到的几种情况之外，草原、雪山、花海也是常遇见的题材。

相机：佳能 **5D Mark III**，光圈：**F8**，快门：**1/80 秒**，ISO：**100**，焦距：**127mm**，曝光补偿：**-0.7**，
拍摄模式：**A**，白平衡：自动，测光模式：评价测光

拍摄思路：

新疆伊犁阿克塔什大草原的6月，各种小花开遍山坡，草原浓绿如洗，远处雪山隐约。眼睛看上去很好看，但如何将它们集中在我想要的画面中？小雨后站在有花的山坡上找景的时候看见坡下的路和阳光照亮的那一片山坡。找到能展现路呈S形的位置，坐下来，让花坡成为前景，与被云层中透出的阳光形成暖色调的草原一起构成2/3构图，让冷色调的远山和云占1/3构图位置，一幅草原美景图落入囊中。

基本技法：

（1）基本参数如上图。

（2）大场景的风光拍摄重在景物的取舍和构图，这幅图若没有前景会少了味道，没有S形伸向远方的路会显得空，没有冷色调的雪山色彩又不够丰富，所以，选择与构图缺一不可。

（3）大场景会有广阔感，但用长焦将景物压缩在一个平面中会让画面显得更有层次，不要排斥长焦拍风光。

任务 47：夜景拍摄

夜景拍摄是风光摄影中离不开的主题，它的特点就是用较暗的夜色衬托有光的物体，曝光时间比较长。因此，常常会出现强烈的冷暖对比等画面，也因为曝光时间长，运动的有光物体会拖出漂亮的有规律的长线。小光圈、长时间曝光会使灯光呈星芒状，也能帮助作者拍出光绘作品。此外，还能拍摄星空、星轨、银河等题材，因此，很多人钟爱夜景拍摄，因夜景拍摄较为复杂，本书讲述普通夜景拍摄。

相机：佳能 5D Mark III，光圈：F4，快门：30 秒，ISO：800，焦距：17mm，拍摄模式：M，白平衡：自动，测光模式：评价测光

相机：佳能 **5D Mark III**，光圈：**F3.5**，快门：**30 秒**，**ISO**：**800**，焦距：**24mm**，拍摄模式：**M**，白平衡：自动，测光模式：点测光

拍摄思路：

　　星空下的彩色帐篷在夜色中尤其显眼，天上星星碎而亮。为了记录这一幕，我们在帐篷里挂起户外灯打亮主体后用30秒曝光完成拍摄。上图调换了拍摄位置，在曝光过程中用手电筒画出了光绘效果，画的时候同时记秒，但记秒结束前一定要离开镜头范围内。

基本技法：

（1）拍摄普通星空，大光圈，高ISO即可达到目的。

（2）对焦采用无穷远对焦，对焦环调到无穷远后要稍微回调一点。

（3）用三脚架稳定相机。

相机：佳能 5D Mark III，光圈：F8，快门：30 秒，ISO：100，焦距：17mm，拍摄模式：A 档，白平衡：自动，测光模式：评价测光

拍摄思路：

上面这张图拍摄于清迈松德寺傍晚时分，太阳落下不久，寺庙的灯刚刚亮起，天空还是蓝色的，一弯月亮斜挂天边，稀疏的星星隐约可见，这时候是拍夜景的最佳时刻，而且，塔身的白、佛塔的光与倒影营造出一种静谧神秘的气氛。太阳落下后等待半个多小时，等到寺庙的灯打到主塔使其通体金黄时构图、按快门。

基本技法：

（1）基本参数如上图。

（2）要拍到灯光已亮但天空还是蓝色的夜景，夏天必须要在晚上6点半到7点半之间完成，冬天则必须在晚上5点半到6点半之间。最佳时间也就大约半小时，抓不住的话拍出来的天就是黑的，这样的夜景片子就没有什么意义了。

（3）必须使用三脚架。

6

用特色反映特色——
人文摄影实景训练

　　人文摄影就是利用摄影这一特殊形式，将摄影者眼中某一地区具有当地特色的地理、人文现象记录下来，反应的是创作者当时的心灵感受。这种创作形式大多以人为主体，比如，摄影者来到贵州的一个苗寨所记录的当地寨子里的人的生活方式、衣着特征等。

　　如果拍摄者所拍摄的正是当地的一个新闻事件，并且具有一定的新闻代表性，就可以把它称为新闻摄影。如果用镜头真实反应的是当地人的生活状态，不用后期组合，不添加任何当时不存在的因素，就是纪实摄影。但在这样的基础上进行一些合适的创作，也是人文摄影所允许的。比如，有的摄影者去到了缅甸的情人桥，等了很久也没见到合适的日落天气，走在上面的人也杂乱无章。于是作者就分别拍了夕阳照在桥下水面的情景以及多张不同人走过时的样子，将夕照图和他们有机结合，选择有规律有特色的行人组合在一起，创作出一张唯美的片子，也无可非议。只是不要拿去参加新闻摄影和纪实摄影比赛就可以。

　　所以，人文摄影，是一种真实的记录，但也可以根据作者的心灵感受及创作意图，进行合适的再创作。当然，大幅度的创意组合不适用于人文摄影，那样的创作只能称为创意摄影。

　　从上面的讨论我们可以看出，人文摄影重点是当地特色及心灵体验，如何将特色与心灵感受通过摄影手法表现出来，是重中之重。

　　相比较而言，人文摄影比风光摄影更为复杂，它考验的是一个摄影人的观察能力、抓拍能力以及其文化素养、见识等各方面的综合素质。

　　人文摄影多分为两大类，一是专注于某一个地区、某一个专题的观察积累性拍摄，二是旅行人文摄影。

　　比如，第52届世界新闻摄影比赛（WPP）——"荷赛奖"获奖作品《西湖边的一棵树》的作者傅拥军，常年坚持拍摄西湖边一棵树的春夏秋冬以及与这棵树发生联系的人的变化。著名摄影师李少白，常年坚持于故宫的拍摄，从各个角度和细节反映他眼中的故宫，将故宫全面展示在世人面前。

　　类似这样的专题摄影，需要拍摄者有纯熟的技术、善于发现的眼睛和善于组织与表达的思想高度，这里不详细叙述，只是抛砖引玉，给摄影人一种拍摄启发，下面将专门讲述旅行人文摄影。

　　旅行人文摄影的特点是时间相对较短、反应相对片面，瞬间反应和抓拍能力要强。这就需要在掌握一定技能的基础上，多拍、多想、多练，最终用属于自己的摄影眼光，反映出你想要表达的特色人文，我将此称为：用特色反映特色。

一、人文摄影的相机运用

常用镜头选择

70-200mm 长焦，适合远距离拉近抓拍，将不必要的多余景象排除在镜头之外。

16-35mm 或类似的广角镜头，适合拍有冲击力的作品，可以在狭小空间拍出较大场景，35端人文容纳内容较多，适宜后期发挥。

当然，也可以根据个人喜好，将16-35mm换成24-70mm做挂机，抓拍有冲击力照片的机会将会有所减少。

经济实用型镜头：18-200mm或者18-135mm，兼备广角长焦功能，画质未必能比得上上述镜头，但对初学者来说却很方便，不用忙于更换镜头。

建议：人文摄影镜头更换不宜太频繁，很多时候，遇到一个好的场面也许根本来不及更换镜头。所以，根据个人需要及体力选择带合适的镜头即可。拍摄模式选择A挡还是M挡，根据个人喜好及熟练程度，遇到人在运动的场景时选用连拍及快门优先TV挡。为了提高抓拍成功率，建议选择快门优先/ISO自动拍摄，快门为1/60~1/400秒。

二、拍前功课

（1）做一个有素质的人，尊重他人，尊重民俗，善意沟通。进入别人的地方拍摄，你就是拿着长枪短炮的入侵者，首先要学会的就是尊重。尊重别人的民俗，不给拍的不让拍的不合适拍的，就不要拍，尤其是在一些相对封闭的地区，老人、妇女、儿童会不让拍照，那时候，就不要强行去拍。一些特殊场合，比如西藏的天葬，可以拍外围场景，细节的地方，最好还是选择不拍。

即使一些相对开放的地方，有些人也不太愿意让拍。这时候就要学会尊重别人，善意地和别人聊聊天加强沟通，有时候，一两句话、一个微笑就是很好的敲门砖。

（2）学习样片。在摄影普及的当今，很多地方都已经遍布摄影人的足迹。出发前，最好能多看看去那里拍过的摄影人的样片，对当地的情况有一个基本的认识。这样到了当地就可以较快速地找到灵感，再根据当时遇到的天气、场面情况，吸收别人的样片带来的启发，创作出属于自己的作品。

（3）做好多种表现手法的心理准备。去一个地方拍摄，需要拍摄者用特写、肖像、环境人像等多种手法多角度反映当地特色，拍摄者大致明白所去的地方有什么特色之后，就要对什么地方可能会出肖像、什么地方可能出特写比较多，什么地方出环境人像比较多大致做到心里有数，不至于到了地方心中一片茫然。

不论怎样拍，重要的是，在举起相机面对拍摄主体的时候，都要问一下自己：我为什么要拍这个人，我拍的目的是什么。有了答案，也就有了想法，有了想法，就能找到属于你自己的表现手法。

三、人文摄影实景训练

任务48：抓拍动人瞬间

一张照片的好坏主要看其表达的主题和内容。人文摄影究竟应该怎么拍？我非常认同摄影老师宁思潇潇的一句话："对于摄影来说'到达'并'发现'某一个'场景'和'瞬间'是至关重要的。这个'场景'和'瞬间'一定是有什么能够触动你的内心，值得你按下快门。常说摄影要多拍，多拍指的并不是傻拍，盲目拍摄，指的是用心去发现值得拍摄的场景和瞬间，在这个基础上的多拍。"

一幅主题不突出，内容平平的照片只能是随拍，不是作品。

拍摄思路：

广东湛江吴川海边有很多清晨4点多就起来下海打鱼的渔民。太阳初升时第一批出海的渔民就已经回到岸上开始拉大网上鱼，将一早的收获收进筐中运到市场。我起初跟大家一样拼命跑去拍渔民拉大网，但在激动拍摄的时候已经感觉到了这些渔民的特点：年龄较大、皮肤黝黑、乐观、身体健壮。有了这个想表现的念头我就在碰到这个渔民的时候估计好构图，设置好光圈快门，用低角度盲拍的方式抓到右图这张他抬头说话的瞬间特点突出的片子。

基本技法：

（1）基本参数如右图。

（2）对角线构图，低角度盲拍。

相机：尼康 **D200**，光圈：**F5.6**，快门：**1/250** 秒，ISO：**100**，焦距：**55mm**，曝光补偿：**+0.3**，拍摄模式：**A**，白平衡：自动，测光模式：评价测光

相机：佳能 **5D Mark III**，光圈：**F5.6**，快门：**1/15 秒**，**ISO：3200**，焦距：**40mm**，曝光补偿：**-0.3**，拍摄模式：**A**，
白平衡：自动，测光模式：评价测光

拍摄思路：

这是一张无意中抢拍到的感人照片。清迈天灯节，广场上人山人海，天空中天灯飞翔，这是一个浪漫而又美丽的夜晚。很多情侣选择在这一晚一起看天灯，一起表达美好心愿。因为首次参加天灯节，我的注意力大部分放在如何用各种焦段表达天灯燃放时的绚烂和大的或温馨或热烈的场景。因为负重等原因，没有时间也没有办法在偌大的场子里四处走动拍摄。但是在高处看着场子里一幕幕可爱场景，我很想能够拍到情侣在这一刻的表现。于是在快接近尾声时走入人群，抢拍到几个画面后忽然听到附近有低低的欢呼声，赶紧走近，正遇见一个年轻的外国小伙子在向一个姑娘求爱，小伙子旁边的几个朋友表情愉悦，小伙子明媚温暖的笑容感动了我，举起相机瞬间完成抓拍。表情和胶片感使片子有了天生的愉悦感。

基本技法：

（1）基本参数如上图。

（2）虽然有天灯，夜色还是很暗，利用了相机的高感优质性能，采用3200的ISO。

（3）快速反应，瞬间抓拍。

相机：佳能 5D Mark III，光圈：F5.6，快门：1/80 秒，ISO：200，焦距：145mm，拍摄模式：A，白平衡：自动，测光模式：评价测光

拍摄思路：

作为一名旅行者，在藏区看到磕长头的人们大家都会很激动，众多的片子反映的都是磕长头的人的形态、动作。可我每次拿相机对着他们的时候心里都有一种罪恶感，直到遇见这个磕长头的人和他的同伴，我才知道我该拍的，是他们的不畏艰难的虔诚和积极乐观的笑容，正如我抓拍到这个人的神态。他满身是土和泥，头上已经磕出了一个大疤，但他的笑容多么谦和、干净。

基本技法：

（1）基本参数如上图。

（2）想法和瞬间抓拍是这幅图的关键，构图采用三角形构图。

任务 49：那黑白分明的大眼睛——有特点的特写

特点，即特色醒目、过目难忘。遇到这种情况的人物，在抓拍其装扮、动作、表情与周围环境的关系的同时，千万不要忘记抓拍人物的表情、动作、神情、甚至手等某个部位的特写。时刻要给自己提个醒：多拍一点，各个角度、各种情况多拍一点。

相机：尼康 D200，光圈：F5.6，快门：1/40 秒，ISO：100，焦距：90mm，曝光补偿：+0.3，拍摄模式：A，白平衡：自动，测光模式：评价测光

拍摄思路：

　　拍摄这张照片时，我已经拍了多张这个小孩子，有他和父母在一起的，有他和小朋友在一起的。但他清秀的面容和忧郁的大眼睛却强烈吸引着我，藏区的孩子中像这样清秀的不多。于是我等待机会，在与他说话的过程中拍下了这张既有藏区特色又有孩子本身气质的特写。

基本技法：

　　（1）基本参数如上图。拍摄特写时要注意背景不能杂乱无章。较长焦段和F5.6光圈的配合使用抓住特色的同时虚化了背景。

　　（2）他的背后有红色的柜员机和蓝色的物体，后期我采取了降低饱和度等方法将影响主体表现的元素全部弱化，主体鲜明突出。

　　下面这张图片也是同样道理，当时是靠近主体去拍摄的。

相机：尼康 **D200**，光圈：**F9**，快门：**1/50 秒**，ISO：**100**，焦距：**22mm**，曝光补偿：**+0.7**，拍摄模式：**A**，
白平衡：自动，测光模式：评价测光

任务 50：用光影刻画人物及环境

很多人文摄影中都会遇见特殊的光线，摄影者一旦捕捉到，拍出来的照片将给人以新鲜、独特的视觉感受，同时可以将人物与周边环境形成鲜明对比。

光影刻画人物首选逆光和侧逆光，其次是侧光等。拍摄时大多选用点测光与大光圈、小光圈的结合使用，强调明暗的对比。如果是在房间等特殊的室内，要注意从窗户、开着的门、房上的天窗下投射出来的光与人物之间的微妙关系，拍摄逆光或侧光作品。

相机：尼康 **D200**，光圈：**F5.6**，快门：左 **1/200 秒**，右 **1/160**，ISO：**200**，焦距：左 **44mm**，
右 **35mm**，拍摄模式：**A**，白平衡：自动，测光模式：评价测光

拍摄思路及特点：

上面这两张图片均是前侧光拍摄，利用光打造了环境的明暗对比效果以及孩子脸部表情的塑形效果，尤其是右图，孩子调皮可爱的形象跃然纸上。

两张图均是在发现高墙遮挡的侧光打在孩子身上的效果后快速反应抓拍而来。

基本技法：

（1）基本参数如上图。

（2）观察光线，快速反应并连拍。

（3）抓住孩子的表情瞬间。

相机：佳能 **5D Mark II**，光圈：**F2.8**，快门：**1/8 秒**，ISO：**1600**，焦距：**65mm**，曝光补偿：**-0.3**，拍摄模式：**A**，白平衡：自动，测光模式：评价测光

拍摄思路：

藏北然乌地区达巴雅砻冰川下一个小木屋中的父女俩。当时房中光线非常昏暗，但两人前方木窗的光线正好照在他们脸上，房顶天窗透出来的两道光像一个天然构图线越过他们头顶，将人们的视线引向父女俩，抓住这一特点，既表现了人的特色，又展示了环境特色。

基本技法：

（1）基本参数如上图。

（2）光线较暗，使用大光圈高ISO保证画面清晰。

（3）发现天窗的光线后要寻找合适的拍摄位置，如果让光穿过两人身上，就没现在这么好看。

任务 51：利用弱光表现质感

人文摄影中遇见光线较暗的场合，很多人拍几下感觉太暗噪点太高就想放弃。而实际上，弱光若控制得好，恰恰更能为画面增加神秘和质感，让画面意味隽永。弱光摄影大多使用大光圈、高ISO，如1600、2000~4000，对于目前高品质的数码单反相机，画质都不成问题。又快又稳妥的办法是用快门优先，快门控制为1/60~1/400秒，或者用大光圈、自动ISO快速拍摄(经验之谈，尤其值得借鉴)。

相机：佳能 **5D Mark III**，光圈：**F2.8**，快门：**1/40** 秒，ISO：**1600**，焦距：**50mm**，曝光补偿：**-0.3**，
拍摄模式：**A**，白平衡：自动，测光模式：评价测光

拍摄思路：

房间光线非常暗淡，老阿妈表情笃定，特色突出，转经筒不停转动。我用通透度非常好的蔡司50镜头，使用F2.8光圈，1600的高ISO，借用窗户光在老阿妈抬头的瞬间拍下了这张照片。神情、眼神光、环境、动静结合均交代到位。

基本技法：

（1）基本参数如上图。

（2）想好怎么拍后立即调整光圈、ISO，仔细观察，瞬间抓拍。

（3）构图采用侧光九宫格构图法。

任务 52：用暗背景突出主题

遇见了有特点的人、有特点的环境，背景却是明亮的，这样的光比一方面会使照片本身的拍摄难度加大，同时不易突出主题。此时我们可以选择寻找变换角度将主体置于暗背景前或者等待主体移动到暗背景的时候再按下快门，这样一幅主体突出质感完好的照片就完成了。

图一

相机：佳能 5D Mark III，光圈：F4，快门：1/500 秒，ISO：100，焦距：200mm，曝光补偿：-0.3，拍摄模式：A，
白平衡：自动，测光模式：评价测光

上面这幅图片中的人本来是非常有特色的，但是因为当时户外光线比较强，而且在拍摄时急于拍到人而忽略了背景的选择，较亮的背景和杂乱的亮光在拍摄时就让我感觉到不太好，图片出来后那片亮光果然有点扰乱注意力，而且不利于表现人物，下图就比较成功。

图二 上师　作者：吴邺霖

相机：尼康 **D700**，光圈：**F4**，快门：**1/1000** 秒，**ISO**：**200**，焦距：**200mm**，
曝光补偿：**-0.3**，拍摄模式：**A**，白平衡：自动，测光模式：点测

拍摄思路：

　　当时户外光线非常强烈晃眼，远方的山却是青黑色，图中人物正在给我们介绍这座神山，试着让他离开我们一段距离，转身面向我们背对神山时发现青黑色的山恰恰成为最好的背景，人物的神情、性格、特点一览无余。

基本技法：

　　（1）基本参数如上图。

　　（2）用长焦压缩画面，缩短人物和山之间的距离，同时让人物与背景脱离。

　　（3）点测光使背景更暗人物更亮。

相机：佳能 **5D Mark III**，光圈：**F2.8**，快门：**1/30 秒**，**ISO：200**，焦距：**200mm**，曝光补偿：**-1**，拍摄模式：**A**，
白平衡：自动，测光模式：评价测光

拍摄思路：

在破旧的房屋中，小女孩非常想给我们这些突然到来的客人表演其舞蹈天分，但又非常害羞，这张照片利用的就是天然的暗背景，突出小女孩的表情和眼神。

基本技法：

（1）基本参数如上图。

（2）大光圈高ISO虽然让主体人物亮了，但背景也同时被提亮，于是故意减少一挡曝光，压暗了背景。

任务 53：利用前景增加立体感并交代环境

比如框架构图法、增加引导、说明性质的前景等。

相机：佳能 5D Mark III，光圈：F4，快门：1/50 秒，ISO：100，焦距：42mm，拍摄模式：A，白平衡：自动，测光模式：评价测光

拍摄思路：

外伶仃岛上以打鱼为生的人很多，修补渔网自然也成了一门手艺。碰到这两个修补渔网的人时我的第一反应就是要透过渔网拍到他们。只是街市拥挤，我又绕过栏杆，从低角度带上渔网拍到了他们工作时的场景。利用前景交代人物，是人文摄影常用手段，前景取的好，画面会别有情趣。

拍摄技法：

（1）基本参数如上图。

（2）为了表现前景，同时不遮挡主体采用了蹲拍稍稍仰起相机的角度进行了抓拍。

下面这幅图也是同样道理，一碗碗云南官渡古镇常见小吃豌豆凉粉与卖小吃的人互为依托。

相机：尼康 **D200**，光圈：**F5.6**，快门：**1/100** 秒，ISO：**200**，焦距：**21mm**，曝光补偿：**+0.7**，
拍摄模式：**A**，白平衡：自动，测光模式：评价测光

    下面这幅图为框架式构图。滇北丙中洛秋那桶乡教堂旁的小卖部。木屋是那里的唯一的小商店，村里生活落后但祥和。当我看见这个窗口和窗口上方"社会和谐不断推进""人民生活明显改善"的宣传画时，心中立刻就有了主意，只等店内的姑娘伸出头来。图所表达的意义已经超出了图片本身。

相机：佳能 **5D Mark II**，光圈：**F2.8**，快门：**1/25** 秒，ISO：**200**，焦距：**24mm**，拍摄模式：**A**，
白平衡：自动，测光模式：点测

任务 54：用夸张等构图手法增加作品亮点及冲击力

要领：用广角尽可能靠近主体，主体要大，仰拍或者俯拍。学会盲拍，必要的时候相机放到最低处按快门盲拍。

相机：尼康 **D200**，光圈：**F8**，快门：**1/160 秒，ISO：100，焦距：28mm**，拍摄模式：**A**，白平衡：自动，测光模式：评价测光

拍摄思路：

这幅作品拍摄于湛江吴川，清晨，渔民推船入海。在现场看着渔民们合力推船的样子非常感动，但是站在离他们有一定距离的地方怎么拍都无法体现出心中想要的震撼以及充满力量的感觉，于是我便靠近他们靠近船，身体低下来，用对角线构图用广角夸大船前冲的力量，体现渔民的辛劳与坚持。夸张手法的合适运用，将产生夺人眼球的效果。

基本技法：

（1）基本参数上图。

（2）利用广角夸大了船体，当地特色以及渔民推船下海的辛劳得以充分展示。

相机：佳能 **5D Mark III**，光圈：**F5.6**，快门：**1/30 秒**，ISO：**100**，焦距：**70mm**，拍摄模式：**A**，白平衡：自动，测光模式：评价测光

拍摄思路：

上面这张图运用了虚实对比，远与近的对比等多种手法。天灯开始燃放前，广场上人头攒动，很多摄影师都在找角度。看到这名在台阶高处找景的摄影师时我首先被他的帅和专注的神情迷住，变换角度后发现了他的独立与人群拥挤的对比，通过中焦在他脸上对焦，离他有一定距离的人群自然虚化，自然形成虚与实的对比。

基本技法：

（1）基本参数如上图。

（2）利用近景对焦远景虚化手段达到目的。

（3）构图采用了大与小、实与虚、远与近的对比手法。

任务 55：用环境说话

人文，体现的就是当地特色，除了在人物上有所表现之外，特色环境是不可忽视的。恰当的环境与有特色的人相互衬托，整幅照片都将充满情怀和意境，作者所说的话语都将通过照片得到传神般的表达。

拍摄这种照片，不能使用太大光圈以至照片的环境全部虚化到几乎没有，需要对环境和人都有所交代。

相机：佳能 5D Mark III，光圈：F5.6，快门：1/80 秒，ISO：100，焦距：200mm，曝光补偿：-0.3，拍摄模式：A，
白平衡：自动，测光模式：评价测光

拍摄思路：

三月，林芝雅鲁藏布江渡口边绿柳遮蔽的小村路上，不时能遇见从远方来依靠双脚转经的人。经过打听才知道，小村附近就是苯教的苯日神山，美丽的景色与虔诚的人本来就是绝好的题材，选好景，等待两个穿红衣服的人走来时迅速连拍后选取了这张。

基本技法：

（1）基本参数如上图。

（2）利用长焦压缩场景，画面集中、干净。

相机：佳能 **5D Mark II**，光圈：**F5.6**，快门：**1/60** 秒，**ISO**：**100**，焦距：**70mm**，拍摄模式：**A**，白平衡：自动，测光模式：评价测光

拍摄思路：

拍摄人文与拍摄风光一样，同样需要等待最佳时机。束河的老街除了拍小资和反应古老的图片之外，反映街面上人们生活的图片是不可缺少的。老房子、拐弯的青石板路，光线明与暗的对比、忙于搬门板开市的生意人、远处拍照的旅客，这些元素都有了，我等待有当地特色的人走进这片光里。来了一个纳西老太太，紧接着是个抱着琴盛装打扮的老人，一激动就拍下了这张片子。遗憾的是太激动错过了等待琴师走进光里的最佳时刻，想拍第二张时他已经快速拐到旁边的街道。

基本技法：

（1）基本参数如上图。

（2）耐心选景选光、等待、抓拍。

图：剑川老城 作者：和太宝 拍摄地：剑川

相机：佳能 5D Mark III，光圈：F8，快门：1/500 秒，ISO：400，焦距：25mm，曝光补偿：-0.5，拍摄模式：A，
白平衡：自动，测光模式：评价测光

拍摄思路：

城老人也老了，留在城中的多是些老人，但白族吃长桌饭的习俗未改，抓住这一时机反映了当地特色，后期采用了怀旧的黑白片。

基本技法：

（1）基本参数如上图。

（2）后期采用黑白色调，体现怀旧情绪。

7

发现细微之美——生态静物
与花卉拍摄训练

拍摄准备及常用经验

1. 设备准备

微距摄影的特点就是能够近距离地拍摄并体现昆虫、花卉的详细特征，并具有一定的美感。它要求必须使用微距镜头，比如：佳能的100mm微距头，简称百微；60mm微距头，简称60微；尼康的105mm微距镜皇。此外还有近摄镜和近摄接圈等，但效果均不如微距镜头。

尼康 105mm 微距镜头

尼康 60mm 微距镜头

佳能 60mm 和 100mm 微距镜头

拍摄微距一般都需要近摄，体现的是某一个花卉或者昆虫的细部特征，因此，需要尽量避免背景杂乱或者过乱，这就需要拍摄者准备如下基本道具：

（1）纯色卡纸或者带颜色的卡纸挡住杂乱背景，利于创作。

（2）同时携带喷水壶。利于为花卉、静物喷洒水珠，体现花卉的晶莹剔透，并且可利用水滴反射进行创意性拍摄。

（3）反光板或闪光灯。当拍摄主体光线不够的时候，帮助主体补光。

（4）三脚架、快门线。微距拍摄对相机的稳定性要求非常高，利用三脚架稳定相机，用快门线对焦拍摄。拍摄花卉时若无快门线就将相机的拍摄模式设定为自拍模式，以防止拍摄时相机微动。

2. 拍摄参考参数

光线充足时：F4.0—5.6，ISO100-200。

光线不够充分时：F2.8，ISO400-800。

但是在使用光圈2.8进行拍摄的时候，景深很浅，很有可能对焦只在花卉或者昆虫的某一个点上，就需要对着花卉或者昆虫的不同地方对焦，然后通过PS图层的自动对齐进行混合处理。

用辅助设备如闪光灯补光时：F8-11，ISO100-200。

参数是"死"的，拍摄时要根据实际情况灵活运用，不必拘泥。

3. 拍摄时的三个关键

（1）用光。拍摄用光时尽量不要用太硬的光，尽量不用顺光拍摄，使用前侧光、侧逆光、逆光等让画面不至于太平淡，如果光太硬，就没有特色了。

（2）背景。微距拍摄的背景一定要干净，所以虚化背景的时候一定要虚的没有鬼影憧憧般的痕迹。如果是花卉，背景必须虚化为红、绿、蓝、黄、品青等单色的颜色。如果是黑色背景，花卉必须是逆光拍摄的才会好看，太白、太浅、太亮或者太杂都不合适。所以，要达到这种效果，使用2.8光圈，微距镜头就能达到目的，如果用70~200mm长焦镜头，必须要靠的比较近，将背景完全虚化为纯色背景才合格。

（3）形态。在用光和背景的选取都恰当的时候，多选取花卉或昆虫的形态，运用摄影减法定律，拍摄最动人的形态。

任务 56：生态花卉摄影

拍摄思路：

右面这张图片是用一款老的俄罗斯手动微距头拍摄的，这款头的特点是当使用到F5.6~F8光圈时，光斑呈星星状，也叫星星头。花上喷洒上水珠后，水珠因光的折射作用，可以将特殊方位上的花折射到水珠里。为了拍出星星斑及水珠中的花，作者利用中午的阳光，选取上下两朵花，不停地寻找折射角度，最终拍出了这张与众不同的片子。

图：水珠里的缤纷世界　作者：童艳龙

相机：尼康 **D700**，光圈：**F5.6**，快门：**1/320** 秒，**ISO**：**100**，焦距：**50mm**，拍摄模式：**M**，白平衡：自动，测光模式：点测

基本技法：

（1）基本参数如上图。

（2）掌握镜头性能，了解这类片子的水珠折射原理，耐心寻找角度，平心静气拍摄是关键所在。

图：花露 作者：寒藤

相机：佳能 **5D Mark II**，光圈：**F2.8**，快门：**1/100** 秒，ISO：**200**，焦距：**100mm**，拍摄模式：**M**，白平衡：自动，测光模式：评价测光

拍摄思路：

上面这张片子旨在表现花的形态和花上的露珠，选用佳能100mm，F2.8微距镜头拍摄。因拍摄是晚上，用一盏灯在前面打亮了花，另一盏灯照亮了背景，用喷壶喷洒了水珠。

基本技法：

（1）基本参数如上图。

（2）想法上比较独特，用灯照亮了夜空背景，喷洒的水雾和空气中的物质形成了漂亮光点。

相机：佳能 **5D Mark II**，光圈：**F8**，快门：**1/100 秒**，**ISO：100**，焦距：**200mm**，拍摄模式：**A**，白平衡：自动，测光模式：评价测光

拍摄手法：

（1）选择花卉本身比较有特点的茎干、叶子、花朵，花和背景及周边相对干净的花卉利用微距或长焦镜头拍摄。

（2）利用对比手法、添加前景、开放式等前面讲过的多种构图拍摄手法进行拍摄。

（3）需要的时候点燃烟饼，利用烟雾遮挡杂乱背景或者给画面增添朦胧的意境。

（4）有时候脱落的花瓣、枯萎的叶子、倒影等也可以独辟蹊径，表达作者一定的思想。

拍摄思路：

当时我面对的是一大片美丽的波斯菊花海，拍了各种大小场景之后发现了这几朵开在石头边的花，石头的硬与花的柔美、褐色、砾色与温暖的粉色形成鲜明对比，寻找角度选择了花朵高低有序错落的这株花用200mm端的长焦压缩场景，有意让花与石头有对话的感觉后按下快门。

基本技法：

（1）基本参数如上图。

（2）关键是构图时对所要表现的物体的取舍与长焦对空间的压缩。

相机：佳能 5D Mark II，光圈：F2.8，快门：1/3200 秒，ISO：1600，焦距：100mm，拍摄模式：A，白平衡：自动，测光模式：评价测光

拍摄思路：

这是一丛极小的红色酢浆草花，花型柔弱美丽，选取了距离及方位有一定排列感的几朵花，以最前面的一朵对焦用大光圈虚化其余花朵的方式拍摄而成。

基本技法：

（1）基本参数如上图。

（2）花朵所在地光线很暗，采用了高ISO拍摄。如果花朵及背景都比较亮，用大光圈高ISO拍摄就不太合适。

8

相机与存储卡的基本保养

一、相机的基本保养

相机属于精密仪器，需要细心保养与正确使用，不管是普通的擦拭还是使用气吹，错误的使用方式都可能导致相机受损。使用正确的方法保养相机能够延长相机的使用寿命，保持相机的成像质量。

1. 小心更换镜头

（1）尽量不要在灰尘、大风、盐分多的环境下更换镜头。拍摄时经常需要更换镜头，但很多环境下，尤其是野外环境中，粉尘都比较多。在这种情况下，为了尽量减少粉尘进入机身内部，在拆卸或安装镜头的时候让机身正面（连接镜头的EF卡口面）朝下（如下左图），身体尽量挡住来风的方向，或者选择背风的地方。在安装过程中，切勿使用蛮力，将相机上的白点或黑点与镜头上的红点或白点对好，逆时针旋转镜头听到"咔"的一声即安装完成（如下右图）。拆卸镜头时要按压镜头释放按钮后，顺时针旋转镜头即可，避免用蛮力损坏镜头上的触点。其次，要尽量避免在粉尘飞扬、海边、盐分多的地方更换镜头。

相机上连接镜头的 EF 口朝下确认镜头上的红点或者白点的位置，与相机上的镜头安装点切合时，才将镜头装入相机。

（2）冬天更换镜头不要哈气。在寒冷户外更换镜头时，应防止口鼻哈出的热气在反光板上结霜、凝霜。所以换镜头时不要让自己的嘴和鼻子与相机太近距离亲密接触。条件允许的时候，取景器目镜上还应加装防雾眼罩，防止脸上、口鼻热气让目镜结露影响取景。

此外，剧烈的温差会引起相机结露，而这就有可能导致镜头和相机的电子部件短路，还有可能诱发镜头镜片产生霉菌。冬季从寒冷的室外进入室内，或在夏季从空调室内走到潮热的室外，都有可能产生结露问题。应先用塑料袋将相机严密包裹，或装在摄影包内携带，直到过一段时间包内外温度相同后再使用。冬季干燥的环境下不要用手去触摸相机和镜头的外露触点（如热靴插座、手柄触点、快门线接口、PC同步端子等），避免静电击穿电路。

2. 机身外壳擦拭

目前佳能和尼康相机的机身主要有两种不同的材质：铝镁合金以及高强度的工程塑料，部分高端机型还在手柄处使用了蒙皮覆盖。户外拍摄很容易便使相机外壳上沾上污渍、灰尘、汗渍等，在清洁与擦拭时，推荐使用软布（类似眼镜布、3M魔布）进行擦拭。如果遇到顽固污渍可将软布稍稍沾水，在擦拭塑料机身及手柄的蒙皮处时切记勿用酒精等有机溶剂去擦拭，如果遇到较强的污渍可使用皮革清洁剂。

3. 镜头的保养

镜头的镜片是由光学玻璃制成的，高端的镜头在镜片表面还会镀一层防污氟镀膜。清洁不当就可能会导致镀膜磨损影响到成像质量。

镜头保养主要分为吹、擦、洗、护四个步骤。

（1）吹。发现镜头上有灰尘时，首先应该用气吹去吹，气吹也应该选择购买专业的、吹力比较大的。吹时将镜头朝斜下方仔细吹而不是擦拭，直接擦拭就有可能损坏宝贵的镀膜。切忌不要用嘴对着镜头吹，那样唾液里的盐分会留在镜头上，只有坏处没有好处。

（2）擦。吹净灰尘后再做擦拭。用镜头布（纸）或者专用的擦拭笔（俗称果冻笔）在镜头表面以顺时针或逆时针一个方向擦，切忌不要来回擦！

（3）洗。如果镜头上的污渍面较大，或痕迹留下的时间较长，或有一点粘性，擦拭不能解决问题，这时就要对镜头做简单的清洗，此时建议将镜头送往专业机构清洗。

（4）护。

1）一片UV保护镜除了能过滤紫外线以外，还能避免灰尘直接落在镜头表面，防止镜头遭遇忽然的刮、擦、碰等致命性的意外事故。

2）尽量避免手指等直接碰触到镜头表面。镜头装在相机上放在包内时，尽量不要放的太挤，上面不要放重物，包与身体接触时不要随意将身体倚靠、压在相机包上，使镜头与相机受过分挤压而损坏。

3）镜头购买时一般都配有一个软质的保护罩，这种保护罩具有更好的防碰撞和抗冲击能力。平时不用或者放在包里的时候，最好能给镜头都穿上这种衣服。

4）不要对强光拍摄。在拍摄一些强光源物体时（如太阳、霓虹灯），长焦镜头容易对光线产生汇聚作用，这时候的光线强度就可能非常强，而过强的光线有可能通过取景器灼伤人的眼睛，还有可能在感光器件上产生强大的电荷，对感光器件的寿命造成一些潜在的影响。因此，人眼在使用取景器取景时，应先眯眼远离取景器观察光线亮度，如果可以接受，再慢慢贴近取景。在进行这种强光拍摄时，应尽量使用小光圈、高快门速度进行拍摄，缩短感光器件受强光照射的时间和强度。

4. 科学存放

（1）使用专业、容量较大的大摄影包。在条件允许的情况下，尽量选择专业摄影包。这种包内部都有起保护作用的隔离层，背负设计比较科学，具有防撞防雨等多种功能。镜头有两个以上的，尽量选择较大容量的摄影包，这样可以将相机和镜头连接在一起存放在摄影包内。与相机一起挂装的镜头最好是常用镜头，一旦有拍摄需要时，方便拿取并可以减少镜头更换次数，也能减少灰尘进入相机内部和镜头后组镜片上的几率。如果摄影包内装的是又大又重的镜头，一定要专门在镜头上加一个U形内衬隔层来支撑镜头，以避免携带时相机卡口受到镜头重力的挤压。

（2）雨天少换镜头并使用防水摄影包。在雨天环境下，应尽量避免更换镜头，防止雨水进入机身和镜头内部，即使要用，可以准备专业相机防雨罩罩在器材上。当然，这种防雨罩相对都不会太便宜，最简单的办法是把镜头的遮光罩戴好，用方便的塑料袋自制防雨罩罩在机身和镜头上。这些都是权宜之计。

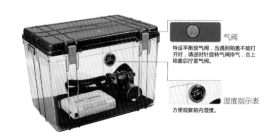

简易防潮箱

器材在不使用时应立即放回摄影包内。为了更好的防水，摄影包以及镜头袋最好不要使用真皮材料，真皮材料是一个真正的吸潮机，即使在干燥环境下也会返潮，容易让相机和镜头发霉，应采用尼龙或防雨布等防水面料。此外，摄影包还应具有防雨罩，平时在隐藏夹层内存储，当遇到雨天或湿度大的环境时，可直接拉出来罩在包上。

（3）潮湿环境下的相机及镜头存放方法。如果是去潮湿的环境拍摄，可以随身携带能密封的塑料袋临时包裹镜头，内部同时放置硅胶或食品干燥剂吸收水分，再将其放到摄影包内存放。平时家里要备有可以放置干燥剂的简易防潮箱或立式电子防潮箱，相机不用的时候放在防潮箱里，否则相机和镜头就可能受潮长霉点，或者被损坏。

立式电子防潮箱

此外，摄影器材在存放时还应远离电视、无线电、音箱、冰箱、电扇、微波炉、电磁炉以及如CRT显示器等具有强磁场、强电磁波的电器，因为强磁场可能导致镜头的光圈叶片被磁化而影响控制。可挥发的溶剂如杀虫剂、计算机清洁剂、樟脑丸等化学物质也应远离摄影器材，否则挥发物质沾在器材上就可能导致器材故障。

◎ 二、存储卡的正确使用与保养

在使用数码相机存储卡的时候，很可能会碰到存储卡损坏、丢失数据或读取不到卡内数据等情况，这些绝大部分原因是由于存储卡使用不当造成的，因此，正确使用存储卡也非常重要。

1. 装卡与取卡

往数码相机中装卡时要注意以下两点：首先，不要在开机状态下装入和取出存储卡。此外，要注意方位，带磁条的一端必须以指定方向装入数码相机。每一种存储卡上都有相应的标记供人们在装入时识别。

其次，将存储卡装入数码相机时，要确认它们完全插到位。插的时候用力要均匀，一定要推装到位。如装入CF卡时，直到相机上的存储卡释放键弹出为止。

从数码相机中取出存储卡时一样要仔细，不同的存储卡从相机中取出的方式也不一样。如佳能相机装入的SD卡，通常是在仓盖开启后，轻按卡待它弹起后用手将卡拿出。而佳能相机装入的CF卡，则要在仓盖打开并按下卡旁边的释放键后才能取出，不能在释放键没有按下时就往外拔存储卡。索尼的记忆棒一般是把卡往下按就会自动弹起。不同牌子的相机存储卡的插入和取出方法都不太一样，使用前一定要仔细看懂说明书。

2. 切忌突然断电

在照片正在进行保存、删除，回放或者对卡进行格式化过程中，千万不可突然断电。无论是无意中关闭电源还是因电池电量不足的停电，都会造成数据损坏、丢失，严重的还会使存储卡报废、相机损坏。

所以，在对存储卡进行格式化处理、删除文件、设备固件升级等操作之前，必须先检查相机，确保电池有充足的电量。不要在电池快没电的时候进行上述动作以及拍摄。同时，为了保证相机完整地把照片记录在储存卡里面，拍完一张照片后，请不要太快关闭你的相机，在确保已经完整记录你所拍的照片后，再关闭相机。

3. 不要将存储卡拍得太满

拍摄时最好不要将卡拍得太满，要稍微留有余地，也不要在卡速不支持连续拍摄的情况下强行连拍，这样会破坏存储卡的目录引导区，造成存储卡的永久性损坏。

4. 尽量满卡删除

存储卡最好用满再删除，尽量不要拍摄一张就删除一张，避免任何无意义的写入操作，这样可以充分利用存储卡的每个存储单元，客观上等于延长了存储卡的寿命。

5. 不要反复删除

绝对不要使用电脑在存储卡上反复进行读、写和删除，这等于在消耗存储卡的寿命。也不要在相机上对图片进行旋转、剪裁、合并、调整色彩等修饰性的操作，这种操作实际上也是一种反复删除和写入的过程，将严重影响存储卡的寿命。也不要图省事把相机与电脑连线后，在电脑上用Photoshop软件直接对卡上的照片进行处理，这样会消耗存储卡的寿命，还会消耗相机的电池，还有可能会烧坏相机。

需要从电脑中移除读卡器时，要点击安全删除后再拔出储存卡。当读取照片完毕之后，也一定要先完成"安全删除硬件"或"弹出储存卡"等之类的动作之后，再拔出读卡器，以避免造成存储卡的损坏。

6. 避免存储卡感染病毒

存储卡感染上病毒以后，不但会造成文件损坏，而且会消耗存储卡的寿命，向电脑传输照片尤其要注意避免存储卡感染上病毒。遇到病毒或误删除文件时，不要胡乱尝试各种非正规的操作，以避免对数据和卡造成更大的破坏。可尽快使用杀毒软件或数据恢复软件进行修复，或送到专业维修点进行修理和恢复数据。

7. 事先保存数据

遇到存储卡上某个照片打不开或读不出来的时候，应先把其他好的图片保存起来，不要进行写入或者格式化操作，然后换一个高级些的读卡器再试。实在无法打开的图片或者文件，应予以删除，不要长时间滞留在存储卡上。

8. 正确使用格式化操作

这里要注意三点：首先，第一次使用新的存储卡，需要在相机里做格式化，这样会在存储卡里建立一个储存照片的文件夹，一般情况下不要在电脑上格式化存储卡。

其次，不要用相机格式化操作代替删除操作，频繁格式化会缩短存储卡的寿命，如果要删除存储卡上的所有影像，建议使用数码相机的全部删除功能。

最后，满存满取三个月到半年，需要对卡进行一次完全格式化，这样可以改换存储卡的"前台"位置，延长存储卡的使用寿命。这一点是很多摄影人都不了解或者根本不会使用的。

9. 存储卡的维护保养

存储卡是数码相机上较昂贵且必需的附件，应该对它精心保护，在存储卡的维护保养方面，要注意以下几点：

（1）不对存储卡施以重压，不弯曲存储卡，避免存储卡掉落和受撞击。

（2）避免在高温、阳光直射及高湿度的环境下使用和存放。

（3）避免与有静电有磁场的东西一起存放。

（4）避免触及存储卡的外露触点。

（5）将存储卡远离液体和腐蚀性的材料。

（6）已拍摄存储在存储卡上的信息要及时下载到电脑进行备份，以防不测。

（7）用数码相机对存储卡进行格式化时保证数码相机内的电池有充足的电量完成操作。